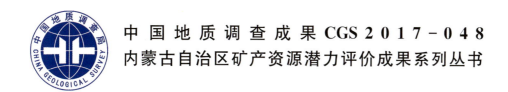

中国地质调查成果 CGS 2017-048

内蒙古自治区矿产资源潜力评价成果系列丛书

内蒙古自治区钨矿资源潜力评价

NEIMENGGU ZIZHIQU WUKUANG ZIYUAN QIANLI PINGJIA

张永清　武跃勇　等编著

图书在版编目(CIP)数据

内蒙古自治区钨矿资源潜力评价/张永清,武跃勇等编著. —武汉:中国地质大学出版社,2018.7
(内蒙古自治区矿产资源潜力评价成果系列丛书)
ISBN 978-7-5625-4302-2

Ⅰ. ①内…
Ⅱ. ①张… ②武…
Ⅲ. ①钨矿床-矿产资源-资源潜力-资源评价-内蒙古
Ⅳ. ①P618.670.622.6

中国版本图书馆 CIP 数据核字(2018)第 128103 号

内蒙古自治区钨矿资源潜力评价			张永清　武跃勇　等编著
责任编辑:张燕霞　李应争		选题策划:毕克成　刘桂涛	责任校对:周　旭
出版发行:中国地质大学出版社(武汉市洪山区鲁磨路388号)			邮编:430074
电　　话:(027)67883511		传　　真:(027)67883580	E-mail:cbb@cug.edu.cn
经　　销:全国新华书店			http://cugp.cug.edu.cn
开本:880毫米×1230毫米　1/16			字数:337千字　印张:10.5
版次:2018年7月第1版			印次:2018年7月第1次印刷
印刷:武汉中远印务有限公司			印数:1—900册
ISBN 978-7-5625-4302-2			定价:198.00元

如有印装质量问题请与印刷厂联系调换

《内蒙古自治区矿产资源潜力评价成果》
出版编撰委员会

主 任：张利平

副 主 任：张 宏　赵保胜　高 华

委 员（按姓氏笔画排列）：

于跃生　王文龙　王志刚　王博峰　乌 恩　田 力
刘建勋　刘海明　杨文海　杨永宽　李玉洁　李志青
辛 盛　宋 华　张 忠　陈志勇　邵和明　邵积东
武 文　武 健　赵士宝　赵文涛　莫若平　黄建勋
韩雪峰　路宝玲　褚立国

项目负责：许立权　张 彤　陈志勇

总 编：宋 华　张 宏

副 总 编：许立权　张 彤　陈志勇　赵文涛　苏美霞　吴之理
　　　　　方 曙　任亦萍　张 青　张 浩　贾金富　陈信民
　　　　　孙月君　杨继贤　田 俊　杜 刚　孟令伟

《内蒙古自治区钨矿资源潜力评价》
编委会

主　　编：张永清　　武跃勇

编著人员：张永清　　武跃勇　　崔来旺　　许　展　　赵晓佩　　郑宝军
　　　　　郝俊峰　　郝晓琳　　贺　锋　　张玉清　　杨文华　　康小龙
　　　　　徐　国　　郭灵俊　　弓贵斌　　韩宗庆　　罗忠泽　　夏　冬
　　　　　韩建刚　　罗鹏跃　　胡玉华　　韩宏宇　　巩智镇　　武利文
　　　　　李四娃　　苏茂荣　　赵文涛　　苏美霞　　任亦萍　　张　青
　　　　　吴之理　　方　曙　　张　浩　　陈信民　　贾金福　　贾和义
　　　　　许　燕　　柳永正　　李新仁　　郝先义　　郑武军　　王挨顺
　　　　　田　俊　　赵　磊　　杨　波　　魏雅玲　　阎　洁　　张　爱
　　　　　胡　雯　　陈晓宇　　安艳丽　　佟　卉　　李　杨　　李雪娇
　　　　　刘小女　　张婷婷　　王晓娇

序

2006年,国土资源部为贯彻落实《国务院关于加强地质工作决定》中提出的"积极开展矿产远景调查评价和综合研究,科学评估区域矿产资源潜力,为科学部署矿产资源勘查提供依据"的精神要求,在全国统一部署了"全国矿产资源潜力评价"项目,"内蒙古自治区矿产资源潜力评价"项目是其子项目之一。

"内蒙古自治区矿产资源潜力评价"项目2006年启动,2013年结束,历时8年,由中国地质调查局和内蒙古自治区人民政府共同出资完成。为此,内蒙古自治区国土资源厅专门成立了以厅长为组长的项目领导小组和技术委员会,指导监督内蒙古自治区地质调查院、内蒙古自治区地质矿产勘查开发局、内蒙古自治区煤田地质局以及中化地质矿山总局内蒙古自治区地质勘查院等7家地勘单位的各项工作。我作为自治区聘请的国土资源顾问,全程参与了该项目的实施,亲历了内蒙古自治区新老地质工作者对内蒙古自治区地质工作的认真与执着。他们对内蒙古自治区地质的那种探索和不懈的追求精神,给我留下了深刻的印象。

为了完成"内蒙古自治区矿产资源潜力评价"项目,先后有270多名地质工作者参与了这项工作,这是继20世纪80年代完成的《内蒙古自治区地质志》《内蒙古自治区矿产总结》之后集区域地质背景、区域成矿规律研究,物探、化探、自然重砂、遥感综合信息研究以及全区矿产预测、数据库建设之大成的又一巨型重大成果。这是内蒙古自治区国土资源厅高度重视、完整的组织保障和坚实的资金支撑的结果,更是内蒙古自治区地质工作者8年辛勤汗水的结晶。

"内蒙古自治区矿产资源潜力评价"项目共完成各类图件万余幅,建立成果数据库数千个,提交结题报告百余份。以板块构造和大陆动力学理论为指导,建立了内蒙古自治区大地构造构架。研究和探讨了内蒙古自治区大地构造演化及其特征,为全区成矿规律的总结和矿产预测奠定了坚实的地质基础。其中提出了"阿拉善地块"归属华北陆块,乌拉山岩群、集宁岩群的时代以及对孔兹岩系归属的认识、索伦山-西拉木伦河断裂厘定为华北板块与西伯利亚板块的界线等,体现了内蒙古自治区地质工作者对内蒙古自治区大地构造演化和地质背景的新认识。项目对内蒙古自治区煤、铁、铝土矿、铜、铅锌、金、钨、锑、稀土、钼、银、锰、镍、磷、硫、萤石、重晶石、菱镁矿等矿种，划分了矿产预测类型；结合全区重力、磁测、化探、遥感、自然重砂资料的研究应用，分别对其资源潜力进行了科学的潜力评价，预测的资源潜力可信度高。这些数据有力地说明了内蒙古自治区地质找矿潜力巨大，寻找国家急需矿产资源，内蒙古自治区大有可为，成为国家矿产资源的后备基地已具备了坚实的地质基础。同时，也极大地增强了内蒙古自治区地质找矿的信心。

"内蒙古自治区矿产资源潜力评价"是内蒙古自治区第一次大规模对全区重要矿产资源现状及潜力进行摸底评价，不仅汇总整理了原 1：20 万相关地质资料，还系统整理补充了近年来 1：5 万区域地质调查资料和最新获得的矿产、物化探、遥感等资料。期待着"内蒙古自治区矿产资源潜力评价"项目形成的系统的成果资料在今后的基础地质研究、找矿预测研究、矿产勘查部署、农业土壤污染治理、地质环境治理等诸多方面得到广泛应用。

2017 年 3 月

前　言

为了贯彻落实《国务院关于加强地质工作的决定》中提出的"积极开展矿产远景调查和综合研究,科学评估区域矿产资源潜力,为科学部署矿产资源勘查提供依据"的要求和精神,国土资源部部署了全国矿产资源潜力评价工作,并将该项工作纳入国土资源大调查项目。内蒙古自治区矿产资源潜力评价为该计划项目下的一个工作项目[项目编号:10813005(2006—2008年);1212010881609(2009—2010年);1212011121003(2011—2013年)]。工作起止年限为2007—2013年,项目由内蒙古自治区国土资源厅负责,承担单位为内蒙古自治区地质调查院,参加单位有内蒙古自治区地质矿产勘查开发局、内蒙古自治区地质矿产勘查院、内蒙古自治区第十地质矿产勘查开发院、内蒙古自治区煤田地质局、内蒙古自治区国土资源信息院、中化地质矿山总局内蒙古自治区地质勘查院。

项目的目标是全面开展内蒙古自治区重要矿产资源潜力预测评价,在现有地质工作程度的基础上,基本摸清全区重要矿产资源"家底",为矿产资源保障能力和勘查部署决策提供依据。

项目的具体任务为:①在现有地质工作程度的基础上,全面总结内蒙古自治区基础地质调查和矿产勘查工作成果与资料,充分应用现代矿产资源预测评价的理论方法和GIS评价技术,开展全区非油气矿产——煤炭、铁、铜、铝、铅、锌、钨、锡、金、锑、稀土、磷等的资源潜力预测评价,估算有关矿产资源潜力及其空间分布,为研究制定全区矿产资源战略与国民经济中长期规划提供科学依据。②以成矿地质理论为指导,深入开展全区范围的区域成矿规律研究;充分利用地质、物探、化探、遥感和矿产勘查等综合成矿信息,圈定成矿远景区和找矿靶区,逐个评价成矿远景区资源潜力,并进行分类排序;编制全区成矿规律与预测图,为科学合理地规划和部署矿产勘查工作提供依据。③建立并不断完善全区重要矿产资源潜力预测相关数据库,特别是成矿远景区的地学空间数据库、典型矿床数据库,为今后开展矿产勘查的规划部署研究奠定扎实的信息基础。

项目共分为3个阶段实施:

第一阶段为2007年—2011年3月。2008年完成了全区1:50万地质图数据库、工作程度数据库、矿产地数据库及重力、航磁、化探、遥感、自然重砂等基础数据库的更新与维护;2008—2009年开展典型示范区研究;2010年3月,提交了铁、铝两个单矿种资源潜力评价成果;2010年6月编制完成全区1:25万标准图幅建造构造图、实际材料图,全区1:50万和1:150万物探、化探、遥感及自然重砂基础图件;2010年—2011年3月完成了铜、铅、锌、金、钨、锑、稀土、磷及煤等矿种的资源潜力评价工作。

第二阶段为2011—2012年,完成银、铬、锰、镍、锡、钼、硫、萤石、菱镁矿、重晶石10个矿种的资源潜力评价工作及各专题成果报告。

第三阶段为2012年6月—2013年10月,以Ⅲ级成矿区(带)为单元开展了各专题研究工作,并编写地质背景、成矿规律、矿产预测、重力、磁法、遥感、自然重砂、综合信息专题报告,在各专题报告的基础上,编写了内蒙古自治区矿产资源潜力评价总体成果报告及工作报告。2013年6月,完成了各专题汇总报告及图件的编制工作;6月底,由内蒙古自治区国土资源厅组织对各专题综合研究及汇总报告进行了初审;7月中国地质科学院矿产资源研究所召开了各专题汇总报告验收会议,项目组提交了各专题综合研究成果,均获得优秀评价。

本书从成矿地质背景、成矿规律、矿产预测、物化遥及自然重砂应用、综合信息集成5个方面对内蒙古自治区钨矿资源进行了潜力评价和研究。参与钨矿资源潜力评价研编的主要人员有许立权、张彤、武跃勇、张永清、崔来旺、许展、赵晓佩、郑宝军、郝俊峰、郝晓琳等。完成实物工作量见下表。

内蒙古自治区钨矿资源潜力评价完成实物工作量一览表

课题名称		工作内容	单位	数量
成矿地质背景		预测区图件	幅	21
成矿规律		全区性图件	幅	1
		典型矿床图件	幅	5
		预测工作区图件	幅	5
		内蒙古自治区矿产资源潜力评价钨矿成果报告	份	1
矿产预测		全区性图件	幅	1
		典型矿床图件	幅	11
		预测工作区图件	幅	14
		内蒙古自治区钨矿预测报告	份	1
物、化、遥及自然重砂应用	磁法	全区性图件	幅	1
		典型矿床图件	幅	5
		预测工作区图件	幅	5
		内蒙古自治区磁测资料应用综合研究成果报告	份	1
	重力	全区性图件	幅	1
		典型矿床图件	幅	5
		预测工作区图件	幅	5
		内蒙古自治区钨单矿种重力资料应用成果报告	份	1
	化探	全区性图件	幅	1
		典型矿床图件	幅	2
		预测工作区图件	幅	5
		内蒙古自治区钨矿化探资料应用成果报告	份	1
	遥感	典型矿床图件	幅	5
		预测工作区图件	幅	1
		内蒙古自治区遥感专题单矿种研究报告	份	1
	自然重砂	全区性图件	幅	1
		预测工作区图件	幅	5
		内蒙古自治区自然重砂异常解释与评价报告	份	5
综合信息集成		各专题数据库	个	—
内蒙古自治区矿产资源潜力评价钨矿成果报告			份	1

内蒙古自治区地质矿产局原总工程师邵和明为项目顾问，中国地质科学院陈毓川院士、内蒙古自治区国土资源厅张宏总工程师对项目进行了多次指导，在保证工作成果质量上起到了重要的作用，在此致以诚挚的谢意！

目 录

第一章 资源概况 …………………………………………………………………… (1)
 第一节 时空分布规律 …………………………………………………………… (1)
 第二节 控矿因素 ………………………………………………………………… (8)

第二章 钨矿床类型 ………………………………………………………………… (9)
 第一节 钨矿床成因类型及主要特征 …………………………………………… (9)
 第二节 预测类型及预测工作区划分 …………………………………………… (9)

第三章 沙麦式侵入岩体型钨矿预测成果 ………………………………………… (12)
 第一节 典型矿床特征 …………………………………………………………… (12)
 第二节 预测工作区研究 ………………………………………………………… (22)
 第三节 矿产预测 ………………………………………………………………… (29)

第四章 白石头洼式侵入岩体型钨矿预测成果 …………………………………… (39)
 第一节 典型矿床特征 …………………………………………………………… (39)
 第二节 预测工作区研究 ………………………………………………………… (46)
 第三节 矿产预测 ………………………………………………………………… (53)

第五章 七一山式侵入岩体型钨矿预测成果 ……………………………………… (65)
 第一节 典型矿床特征 …………………………………………………………… (65)
 第二节 预测工作区研究 ………………………………………………………… (72)
 第三节 矿产预测 ………………………………………………………………… (79)

第六章 大麦地式侵入岩体型钨矿预测成果 ……………………………………… (95)
 第一节 典型矿床特征 …………………………………………………………… (95)
 第二节 预测工作区研究 ………………………………………………………… (100)
 第三节 矿产预测 ………………………………………………………………… (104)

第七章 乌日尼图式侵入岩体型钨矿预测成果 …………………………………… (112)
 第一节 典型矿床特征 …………………………………………………………… (112)
 第二节 预测工作区研究 ………………………………………………………… (120)
 第三节 矿产预测 ………………………………………………………………… (124)

第八章 钨单矿种资源总量潜力分析 ……………………………………………………（136）

第一节 钨单矿种估算资源量与资源现状对比 ……………………………………（136）
第二节 预测资源量潜力分析 ………………………………………………………（137）
第三节 内蒙古自治区钨矿勘查工作部署建议 ……………………………………（145）

结　论 ……………………………………………………………………………………（156）

主要参考文献 ……………………………………………………………………………（157）

第一章　资源概况

截至 2009 年,内蒙古自治区境内共有钨矿上表单元 22 个,其中钨矿产地 12 处,共生钨矿上表单元 5 个,伴生钨矿上表单元 5 个。全区钨矿保有资源储量 WO_3 18.68×10^4t,其中保有基础储量为 4.74×10^4t,资源量 13.94×10^4t。主要分布在赤峰市、锡林郭勒盟和阿拉善盟。其中赤峰市(主要有黄岗铁共生矿等)保有资源储量达 10.46×10^4t,占全区的 56.0%;锡林郭勒盟(主要有沙麦钨矿、白石头洼钨矿、道伦达坝多金属矿等)保有资源储量为 6.65×10^4t,占全区的 35.6%;阿拉善盟(主要有七一山钨钼矿等)保有资源储量为 1.39×10^4t,占全区的 7.4%。

在全区 12 处钨矿产地中,查明资源储量规模达中型的 4 处,保有资源储量为 7.30×10^4t,占全区钨矿保有资源储量的 39.1%。

第一节　时空分布规律

一、空间分布

内蒙古自治区钨矿主要分布在石板井—东七一山、二连浩特—东乌珠穆沁旗(以下简称东乌旗)一线、镶黄旗—太仆寺旗白石头洼、库伦旗大麦地 4 个地区。所处大地构造位置见图 1-1,表 1-1。

(一)天山-兴蒙造山系(Ⅰ)

该造山系处于华北板块北部大陆边缘和滨西太平洋大陆边缘。由于古亚洲构造成矿域与环太平洋构造成矿域的叠加、复合和转换,使该区域成矿地质条件优越,成矿期次多、强度大,矿床类型多样。燕山期是该区的主要成矿期。

1. 大兴安岭弧盆系(Ⅰ-1)(Pt_3—T_2)

东乌旗-多宝山岛弧(Ⅰ-1-5)(O、D、C_2):分布于二连浩特以北的红格尔苏木、东乌珠穆沁旗、扎兰屯和黑龙江省多宝山一带。西段北部与蒙古国接壤,南部与二连-贺根山蛇绿混杂岩带毗邻,向东延入黑龙江省。

这是一个以奥陶纪和泥盆纪岛弧为优势构造相的构造单元。南华纪到震旦纪由岛弧性质的佳疙瘩组、额尔古纳河组和大网子组岩石组成。新元古代为石英二长闪长岩、奥长花岗岩、二长(正长)花岗岩等,为大洋俯冲陆缘弧环境中形成的 TTG 组合。下寒武统苏中组为被动陆缘灰岩组合。奥陶纪,二连-贺根山大洋板块向北部俯冲,在红格尔苏木至东乌珠穆沁旗、罕达盖、红花尔基一带形成岛弧、弧后盆地和弧背盆地的构造环境,岛弧为下中奥陶统多宝山组,弧后盆地由下中奥陶统特尔巴特组、乌宾敖包组和巴音呼舒组、哈拉哈河组组成,弧背盆地为中上奥陶统裸河组,下中奥陶统有大伊希康河组,同期发育有花岗闪长岩、二长花岗岩、石英闪长岩(TTG)岩石构造组合。志留纪为相对稳定的被动陆缘滨浅海盆地,盆地内沉积了卧都河组。泥盆纪本区发育岛弧、弧前陆坡构造环境,岛弧由中上泥盆统大民

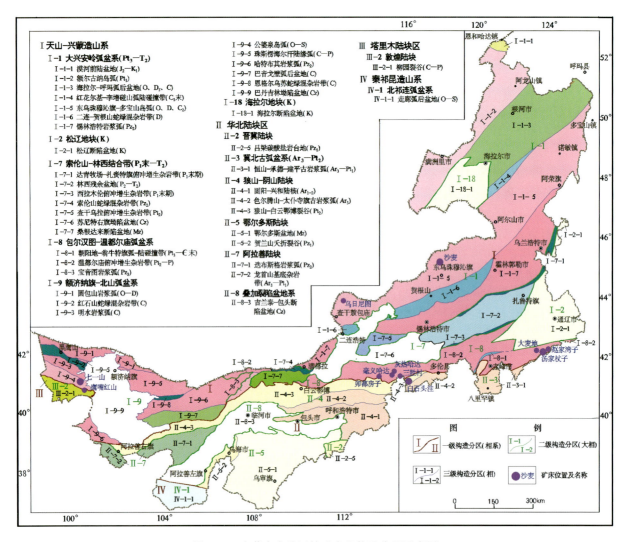

图 1-1 内蒙古自治区钨矿大地构造位置示意图

山组构成,弧前陆坡盆地以泥鳅河组为代表,同期发育一套俯冲岩浆杂岩(TTG)岩石构造组合。晚石炭世至早二叠世,由于二连-贺根山大洋板块向北俯冲,本区自西向东发育了一套陆缘火山弧和弧间裂谷盆地沉积,即宝力高庙组,火山弧为海陆交互相岩石组合,弧间裂谷盆地内沉积了陆源碎屑岩;早石炭世发育了一套花岗闪长岩、花岗岩和少量英云闪长岩岩石构造组合(具有TTG岩石构造组合特点);晚石炭世则发育俯冲岩浆杂岩(TTG)岩石构造组合,在宝力高庙组之南尚发育有上石炭统—下二叠统格根敖包组海相火山弧地层,属岛弧火山岩近海沟一侧的产物,早二叠世早期为俯冲岩浆杂岩岩石构造组合,中期为后碰撞岩浆杂岩岩石构造组合,晚期则为后造山碱性花岗岩岩石构造组合。中生代,受古太平洋板块向中国东部大陆之下俯冲的影响,本区进入造山-裂谷大地构造阶段,广泛发育侏罗纪—早白垩世陆相火山喷发活动和少量侵入岩。

区内发现沙麦中型钨矿床和乌日尼图中型钨矿床。

2. 包尔汉图-温都尔庙弧盆系(I - 8)(Pz_2)

温都尔庙俯冲增生杂岩带(I -8-2)(Pt_2—P):

表1-1　内蒙古自治区侵入岩体型钨矿大地构造位置一览表

大地构造分区			矿产地名称	工业类型	行政隶属
一级	二级	三级			
塔里木陆块区（Ⅲ）	敦煌陆块（Ⅲ-2）	柳园裂谷（Ⅲ-2-1）（C—P）	鹰嘴红山钨矿	小型	阿拉善盟额济纳旗
天山-兴蒙造山系（Ⅰ）	额济纳旗-北山弧盆系（Ⅰ-9）	公婆泉岛弧（Ⅰ-9-4）（O—S）	七一山钨钼矿	中型	
	大兴安岭弧盆系（Ⅰ-1）(Pt₃—T₂)	东乌旗-多宝山岛弧（Ⅰ-1-5）(O、D、C₂)	沙麦钨矿	中型	锡林郭勒盟东乌珠穆沁旗
			乌日尼图钨矿	中型	锡林郭勒盟苏尼特左旗
	包尔汉图-温都尔庙弧盆系（Ⅰ-8）(Pz₂)	温都尔庙俯冲增生杂岩带（Ⅰ-8-2）(Pt₂—P)	大麦地钨矿	小型	通辽市库伦旗
			汤家杖子钨矿	中型	
			赵家湾子钨矿	小型	
			卯都房子钨矿	小型	乌兰察布市商都县
			毫义哈达钨矿	小型	锡林郭勒盟镶黄旗
			灰热哈达钨矿	小型	
			三胜村钨矿	小型	乌兰察布市化德县
华北陆块区（Ⅱ）	狼山-阴山陆块（Ⅱ-4）	狼山-白云鄂博裂谷（Ⅱ-4-3）(Pt₂)	白石头洼钨矿	中型	锡林郭勒盟太仆寺旗

西段（正蓝旗以西）西起于白音查干，向东经包尔汉图、白乃庙、温都尔庙、正镶白旗、正蓝旗一带。中、新元古代，大洋板块向南俯冲形成温都尔庙群俯冲增生楔，由温都尔庙群蛇绿岩、洋内弧和远洋沉积物堆积而成，并有蓝闪片岩高压变质带。奥陶纪，洋壳继续向南俯冲，形成奥陶纪火山岛弧和弧后盆地，火山岛弧为下中奥陶统包尔汉图群哈拉组玄武岩、安山岩、安山质凝灰岩等外弧岩石组合以及同期分布在白乃庙一带的白乃庙组钙碱系列火山岩和碳酸盐岩浊积岩组合。志留纪至石炭纪，本带为相对稳定的被动陆缘环境，次一级环境为陆棚碎屑岩沉积盆地和碳酸盐岩台地，包括中志留统徐尼乌苏组浅海相碎屑岩组合、上志留统至下泥盆统西别河组浅海相碎屑岩组合，同期有过铝质碱性后碰撞岩石构造组合。晚泥盆世至早石炭世，北部大洋板块向南部发生短暂的俯冲，在包尔汉图一带形成俯冲岩浆杂岩（TTG）岩石构造组合。上石炭统为陆棚碎屑岩盆地本巴图组浅海相砂岩、粉砂岩、泥岩岩石组合和酒局子组陆相碎屑岩。中石炭统阿木山组为碳酸盐岩岩石组合。二叠纪是大洋板块向南俯冲消减速度加快的时期，形成下二叠统额里图组中酸性火山岩。三叠纪，本区进入后碰撞和后造山构造阶段。侏罗纪—早白垩世形成有大量的中性、酸性陆相火山岩岩石组合。新生代陆内裂谷碱性玄武岩大面积溢出。

东段（正蓝旗以东）分布在西拉木伦河以南朝阳地—翁牛特旗一带。在喀喇沁旗小牛群乡萝卜起沟一带出露以上寒武统锦山组为代表的海陆源碎屑岩-灰岩组合。奥陶纪—中志留世为岛弧环境，沉积了奥陶纪—中志留世灰色大理岩、石英片岩夹角闪片岩和八当山火山岩，八当山火山岩岩性为变质流纹岩、流纹质凝灰岩。晚志留世—早泥盆世为被动陆缘环境，沉积了西别河组，在敖汉旗前坤头沟一带出露有下泥盆统前坤头沟组，在翁牛特旗北晒勿苏一带出露有中志留统晒勿苏组；晚志留世发育二长花岗岩、正长花岗岩碱性—钙碱性岩石构造组合，为后造山构造环境。石炭纪，本区为陆缘火山弧环境，出露有下石炭统朝吐沟组和晚石炭世青龙山火山岩；石炭纪晚期为周缘前陆隆后环境，沉积了上石炭统酒局子组、石嘴子组和白家店组。二叠纪早期，本区为被动陆缘环境，出露有下二叠统三面井组；中二叠世，因北部大洋板块向南俯冲作用，产生了陆缘弧性质的额里图组、于家北沟组，发育俯冲岩浆杂岩英云闪长岩、奥长花岗岩、花岗闪长岩、二长花岗岩、闪长岩等岩石构造组合。上三叠统铁营子组为弧盖层沉积。三叠纪为强过铝质黑云母二长花岗岩、二云母二长花岗岩、白云母二长花岗岩等同碰撞岩浆杂岩岩石构造组合。

区内与钨矿成矿有关的侵入岩时代主要为燕山期,形成卯都房子钨小型矿床、毫义哈达钨小型矿床、灰热哈达钨小型矿床、三胜村钨小型矿床及大麦地钨小型矿床、汤家杖子钨中型矿床、赵家湾子钨小型矿床。

3. 额济纳旗-北山弧盆系(Ⅰ-9)

公婆泉岛弧(Ⅰ-9-4)(O—S):位于明水岩浆弧之南和塔里木陆块区之北,向西进入甘肃省境内,向东被巴丹吉林新生代坳陷盆地掩盖,是一个从塔里木陆块在中奥陶世拉伸裂开的再生洋盆发育起来的构造单元。

再生洋盆的边缘地带,出露有中元古代至早中奥陶世被动陆缘性质的陆棚碎屑岩和圆藻山群碳酸盐岩台地的岩石组合。中元古界古硐井群为滨海相碎屑岩组合,中、新元古界为浅海相伊克乌苏组,下寒武统双鹰山组为浅海相岩石组合,中寒武统至下奥陶统西双鹰山组为浅-半深海相岩石组合,下中奥陶统罗雅楚山组为半深海相岩石组合。中奥陶世至志留纪,再生洋盆内发育有火山弧玄武岩、安山岩、英安岩、碧玉岩,及中、上奥陶统洗肠井组和白云山组,并形成SSZ型蛇绿混杂岩。志留纪,随着洋盆的不断扩展,伴有洋壳向两侧俯冲消减,形成下志留统圆包山组、中志留统公婆泉群和上志留统碎石山组。晚志留世洋盆封闭。石炭纪,本区发育俯冲岩浆杂岩岩石构造组合(TTG)。二叠纪为俯冲岩浆杂岩岩石构造组合。三叠纪为后碰撞岩浆杂岩岩石构造组合,为过铝质高钾钙碱性花岗岩、二长花岗岩组合。侏罗纪至白垩纪为后造山岩浆杂岩岩石构造组合。

海西晚期花岗岩沿断层、破碎带侵入圆藻山群大理岩,形成热液蚀变型七一山钨钼矿小型矿床。

(二)华北陆块区(Ⅱ)

华北陆块区是古元古代末期最终焊接形成的早前寒武纪克拉通,与传统地质构造所指的华北地台范围大致相似。在内蒙古自治区范围内主要包括晋冀陆块、冀北古岛弧盆系、狼山-阴山陆块、鄂尔多斯陆块、阿拉善陆块5个部分,下面以狼山-阴山陆块(Ⅱ-4)为例说明。

狼山-白云鄂博裂谷(Ⅱ-4-3)(Pt$_{2-3}$):位于狼山-阴山陆块北部边缘,与天山-兴蒙造山系以深断裂相接,西起阿拉善右旗,向东经乌拉特后旗、白云鄂博、四子王旗、化德县,止于正镶白旗一带,为一个发生在华北陆块古老结晶基底岩系之上的陆缘裂谷带,由白云鄂博群和渣尔泰山群构成。以白云鄂博群为代表的裂谷,起于白云鄂博一带,向东止于正镶白旗;以渣尔泰山群为代表的裂谷,西起于阿拉善右旗,向东止于固阳一带。白云鄂博群裂谷,裂谷中心由长城系尖山组,蓟县系哈拉霍疙特组、必鲁特组,青白口系呼吉尔图组组成,裂谷边缘由长城系都拉哈拉组、青白口系白音布拉格组组成。渣尔泰山群裂谷中心由长城系增隆昌组和蓟县系阿古鲁沟组组成,裂谷边缘由长城系书记沟组和青白口系刘鸿湾组组成。震旦纪至早、中奥陶世为碳酸盐岩陆表海盆地沉积。晚奥陶世至早石炭世,整体抬升,缺失沉积。二叠纪以后,进入大陆边缘活动阶段,有大量的石炭纪至二叠纪俯冲岩浆杂岩侵入和二叠纪中酸性火山岩喷发活动,如下二叠统苏吉组火山岩和下二叠统大红山组火山岩。中生代,受中国东部造山-裂谷系影响,有陆相火山喷发活动,如上侏罗统满克头鄂博组、玛尼吐组、白音高老组火山岩和下白垩统白女羊盘组、金家窑子组火山岩等。同期还发育有成煤断陷盆地。

与成矿有关的侵入岩主要为晚侏罗世二长花岗岩及花岗斑岩,形成热液-石英脉型白石头洼钨中型矿床。

(三)塔里木陆块区(Ⅲ)

以敦煌陆块(Ⅲ-2)为例说明。

柳园裂谷(C—P)(Ⅲ-2-1):位于公婆泉岛弧之南,向南进入甘肃省境内。该单元大部分在甘肃省,本区仅占其一隅。

本区出露的变质基底岩系为中、新太古代高级变质的表壳岩、变质深成体和古元古界北山岩群。中新元古代至寒武纪，为稳定的被动陆缘陆棚碎屑岩和碳酸盐岩台地环境，属于敦煌陆块盖层性质的沉积。

该裂谷为陆内裂谷，裂谷发育有泥盆系，内蒙古自治区境内仅出露石炭系和二叠系。发育具有裂谷中心的双峰式火山岩（玄武岩和流纹岩），裂谷边缘则有浅海相的石英岩、粉砂岩、页岩、碳酸盐岩组合。

三叠纪以后，本区进入盆山构造体系。三叠纪为断陷盆地和后碰撞岩浆杂岩的侵入活动。侏罗纪、白垩纪为后造山岩浆杂岩侵入的板内伸展构造环境。

区内有鹰嘴红山钨小型矿床。

二、所在成矿区带

与大地构造位置相对应，内蒙古自治区钨矿从西至东分布于塔里木成矿省、大兴安岭成矿省、华北成矿省、吉黑成矿省，均属古亚洲成矿域（Ⅰ-1）（图1-2，表1-2）。

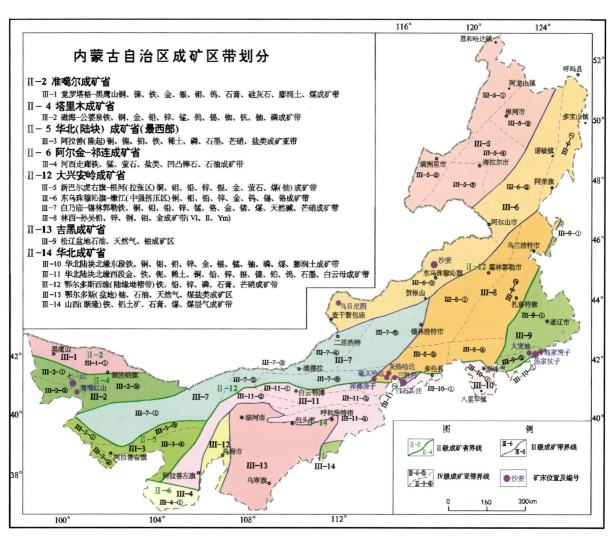

图1-2 内蒙古自治区钨矿分布示意图

表1-2 内蒙古自治区侵入岩体型钨矿所属成矿区带一览表

古亚洲成矿域（Ⅰ-1）				矿产地名称
Ⅱ级成矿单元	Ⅲ级成矿单元	Ⅳ级成矿单元	Ⅴ级成矿单元	
塔里木成矿省（Ⅱ-4）	磁海-公婆泉铁、铜、金、铅、锌、钨、锡、铷、钒、铀、磷成矿带（Ⅲ-2）（Pt、Cel、Vml、I-Y）	石板井-东七一山钨、锡、铷、钼、铜、铁、金、铬、萤石成矿亚带（Ⅲ-2-①）（C,V）	东七一山-索索井钨、钼、铜、铁、萤石矿集区（Ⅴ-5）	七一山钨钼矿
		阿木乌苏-老硐沟金、钨、锑、萤石成矿亚带（Ⅲ-2-②）（V）	阿木乌苏-老硐沟金、钨、锑矿集区（Ⅴ-6）	鹰嘴红山钨矿
大兴安岭成矿省（Ⅱ-12）	东乌珠穆沁旗-嫩江（中强挤压区）铜、钼、铅、锌、金、钨、锡、铬成矿带（Ⅲ-6）	二连-东乌旗钨、钼、铁、锌、铅、金、银、铬成矿亚带（Ⅲ-6-③）（V,Y）	沙麦钨矿集区（Ⅴ-39）	沙麦钨矿
			红格尔-乌日尼图钼、钨、金矿集区（Ⅴ-45）	乌日尼图钨矿
	突泉-翁牛特铅、锌、银、铜、铁、锡、稀土成矿带（Ⅲ-8）	卯都房子-毫义哈达钨、铅、锌、铬、萤石成矿亚带（Ⅲ-8-③）（V,Y）	毫义哈达-毛汰山钨、金矿集区（Ⅴ-93）	卯都房子钨矿
				毫义哈达钨矿
				灰热哈达钨矿
				三胜村钨矿
华北成矿省（Ⅱ-14）	华北陆块北缘西段金、铁、铌、稀土、铜、铅、锌、银、镍、铂、钨、石墨、白云母成矿带（Ⅲ-11）	白云鄂博-商都金、铁、铌、稀土、铜、镍成矿亚带（Ⅲ-11-①）（Ar₃、Pt、V、Y）	头沟地-郝家沟铁、金、银、萤石矿集区（Ⅴ-120）	白石头洼钨矿
吉黑成矿省（Ⅱ-13）	松辽盆地石油、天然气、铀成矿区（Ⅲ-9）	库里吐-汤家杖子钼、铜、铅、锌、钨、金成矿带（Ⅲ-9-②）（Vm、Y）	汤家杖子-哈拉火烧铁、钨、铜、铅、锌矿集区（Ⅴ-104）	大麦地钨矿
				汤家杖子钨矿
				赵家湾子钨矿

（一）塔里木成矿省（Ⅱ-4）

该成矿单元是星星峡-公婆泉金、铜、铅、锌成矿带的东延部分。Ⅲ级成矿单元磁海-公婆泉铁、铜、金、铅、锌、钨、锡、铷、钒、铀、磷成矿带（Ⅲ-2）（Pt、Cel、Vml、I-Y）为其中之一。

1. 石板井-东七一山钨、锡、铷、钼、铜、铁、金、铬、萤石成矿亚带（Ⅲ-2-①）（C,V）

大地构造属于天山-兴蒙造山系（Ⅰ）额济纳旗-北山弧盆系（Ⅰ-9），三级构造单元主体属于明水岩浆弧（Ⅰ-9-3）（C），其南北两侧分别进入红石山裂谷（Ⅰ-9-2）（C）和公婆泉岛弧（Ⅰ-9-4）（O—S）构造单元。

东七一山-索索井钨、钼、铜、铁、萤石矿集区（Ⅴ-5）属于该亚带，区内发现七一山钨钼中型矿床。

2. 阿木乌苏-老硐沟金、钨、锡、萤石成矿亚带（Ⅲ-2-②）（V）

大地构造属于塔里木陆块区（Ⅲ）敦煌陆块（Ⅲ-2），三级构造单元主体属于柳园裂谷（Ⅲ-2-1）（C—P），其北侧为公婆泉岛弧（Ⅰ-9-4）（O—S）。

阿木乌苏-老硐沟金、钨、锡矿集区（Ⅴ-6）属于该亚带，区内发现鹰嘴红山钨小型矿床。

(二)大兴安岭成矿省(Ⅱ-12)

1. 东乌珠穆沁旗-嫩江(中强挤压区)铜、钼、铅、锌、金、钨、锡、铬成矿带(Ⅲ-6)

大地构造属于天山-兴蒙构造系(Ⅰ)大兴安岭弧盆系(I-1)(Pt_3—T_2)东乌旗-多宝山岛弧(I-1-5)(O、D、C_2)。

成矿带北西界为伊列克得-鄂伦春断裂,南东界为阿荣旗-东乌旗-二连断裂,北东端进入黑龙江省,南西端延入蒙古国。

二连-东乌珠穆沁旗钨、钼、铁、锌、铅、金、银、铬成矿亚带(Ⅲ-6-③)(V、Y)内,在沙麦钨矿集区(V-39)发现沙麦钨中型矿床,在红格尔-乌日尼图钼、钨、金矿集区(V-45)发现乌日尼图钨钼中型矿床。

2. 突泉-翁牛特铅、锌、银、铜、铁、锡、稀土成矿带(Ⅲ-8)

成矿带的北西以二连-贺根山-扎兰屯断裂为界,西界呈斜线状,即镶黄旗—锡林浩特,南界为槽台断裂,南东以嫩江-八里罕断裂为界。本区跨越了温都尔庙俯冲增生杂岩带和锡林浩特岩浆弧两个三级大地构造单元的东段,分属包尔汉图-温都尔庙弧盆系大兴安岭弧盆系两个二级大地构造单元。

卯都房子钨小型矿床、毫义哈达钨小型矿床、灰热哈达钨小型矿床、三胜村钨小型矿床分布于卯都房子-毫义哈达钨、铅、锌、铬、萤石成矿亚带(Ⅲ-8-③)(V,Y)毫义哈达-毛汰山钨、金矿集区(V-93)中。

(三)华北成矿省(Ⅱ-14)

华北成矿省北界为狼山-白云鄂博-商都深大断裂,南接鄂尔多斯盆地,西接阿拉善陆块,东侧延入山西省境内。本区大地构造单元属狼山-阴山陆块(大陆边缘岩浆弧)、叠加裂陷盆地系两个二级单元,跨越多个三级大地构造单元,包括固阳-兴和陆核、色尔腾山-太仆寺旗古岩浆弧、狼山-白云鄂博裂谷及吉兰泰-包头断陷盆地。

白云鄂博-商都金、铁、铌、稀土、铜、镍成矿亚带(Ⅲ-11-①)(Pt,V)北以白云鄂博-商都深大断裂与白乃庙-哈达庙铜、金、萤石成矿亚带为邻,南以乌拉特中旗-石崩-合教-三合明-集宁断裂与固阳-白音察干金、铁、铜、铅、锌、石墨成矿亚带为邻。

在头沟地-郝家沟铁、金、银、萤石矿集区(V-120)内发现白石头洼钨中型矿床。

(四)吉黑成矿省(Ⅱ-13)

吉黑成矿省北西以二连-贺根山-扎兰屯断裂为界,西界呈斜线状,即镶黄旗—锡林浩特,南界为槽台断裂,南东以嫩江-八里罕断裂为界。本区跨越了温都尔庙俯冲增生杂岩带和锡林浩特岩浆弧两个三级大地构造单元的东段,分属包尔汉图-温都尔庙弧盆系大兴安岭弧盆系两个二级大地构造单元。

松辽盆地石油、天然气、铀成矿区(Ⅲ-9)库里吐-汤家杖子钼、铜、铅、锌、钨、金成矿亚带(Ⅲ-9-②)(Vm,Y)汤家杖子-哈拉火烧铁、钨、铜、铅、锌矿集区(V-104)内发现了大麦地钨小型矿床、汤家杖子钨中型矿床及赵家湾子钨小型矿床。

三、形成时代

海西期—燕山期,是内蒙古自治区侵入岩体型钨矿的主要成矿期。内蒙古自治区已探明的钨矿均属岩浆热液-石英脉型矿床。除鹰嘴红山钨矿与海西晚期(P_2)花岗岩相关外,其余都与燕山期(J—K)的花岗岩体热液密切相关(表1-3)。

表 1-3 内蒙古自治区侵入岩体型钨矿成矿时代简表

矿产地名称	成矿期	形成时代	矿产地名称	成矿期	形成时代
七一山钨钼矿	燕山晚期	K_1	毫义哈达钨矿	燕山早期	J_1
鹰嘴红山钨矿	海西晚期	P_2	灰热哈达钨矿	燕山晚期	K
沙麦钨矿	燕山期	J_3	三胜村钨矿	燕山中期	J_2
乌日尼图钨矿	燕山期	J_3-K_1	大麦地钨矿	燕山期	J_3-K_1
白石头洼钨矿	燕山中期	J_2	汤家杖子钨矿	燕山期	J_3-K_1
卯都房子钨矿	燕山早期	J_1	赵家湾子钨矿	燕山期	J_3-K_1

第二节 控矿因素

内蒙古自治区处于华北板块与西伯利亚板块的接合部,古构造及板块间缝合带基本上呈近东西向展布。因此,区域地质构造线方向主要为近东西向和北东向,区内所有地质体的展布都受其控制。

纵观内蒙古自治区地质发展史,从太古宙到新生代每个地质构造运动都留有地质行迹。古生代以来,受到太平洋板块向西俯冲的影响,海西期、印支期、燕山期侵入岩比较发育,形成侵入岩带。侵入岩浆热液矿床与岩浆岩在时间上、空间上、成因上有着密切关系,尤其是燕山期酸性侵入岩,是内蒙古自治区热液型钨矿形成的富矿岩浆热液的物源。

内蒙古自治区境内已发现的钨矿基本上是燕山期花岗岩大规模侵入时形成的大量含矿热液,沿侵入岩的原生构造、接触带的断层、破碎带、裂隙等侵位而形成热液-石英脉型钨矿床。与母岩侵入体连通的断裂裂隙系统是含矿热液在岩体附近流动的重要通道,也是主要的含矿构造。外接触带矿床受围岩中各种构造形式如断裂、裂隙、褶皱及构造角砾岩带等控制。

第二章 钨矿床类型

第一节 钨矿床成因类型及主要特征

内蒙古自治区大地构造位置隶属天山-兴蒙造山系、华北陆块区、塔里木陆块区和秦祁昆造山系4个一级构造单元,成矿区带处于古亚洲成矿域之塔里木成矿省、大兴安岭成矿省、华北成矿省和吉黑成矿省。多期次的构造变动和频繁的岩浆活动影响,致使在内蒙古自治区形成极为复杂的构造格架。岩浆活动表现为多旋回、多期次的特点,特别是海西期和燕山期酸性、中酸性岩浆岩,分布广泛,规模也大,在成矿中起到了主导作用,是热液型钨矿的重要物源,形成了内蒙古自治区境内的七一山、乌日尼图、沙麦、白石头洼、大麦地等地区的侵入岩浆热液型钨矿床。

侵入岩体型钨矿床受构造控制明显,主要是受侵入岩的原生构造、接触带构造和断裂、裂隙、褶皱等构造控制,所以矿体以脉状、串珠状、扁豆状、网脉状及浸染状的形态展布,成矿方式以充填作用和交代作用为主,排列上有一定规律,矿体大小不一。

岩浆热液在成矿过程中,使近矿围岩发生强烈蚀变,形成典型的云英岩化、硅化、铁白云母化、黄铁矿化、萤石化、电气石化等。

第二节 预测类型及预测工作区划分

根据《重要矿产预测类型划分方案》(陈毓川等,2010),内蒙古自治区钨矿确定为1种预测方法类型,1个矿产预测类型。根据矿产预测类型及预测方法类型共划分了5个预测工作区(表2-1),各预测工作区大地构造位置见图2-1,成矿区带见图2-2。

表2-1　内蒙古自治区钨单矿种预测类型及预测方法类型划分一览表

序号	预测工作区名称	典型矿床	成矿时代	矿床成因类型	矿产预测类型	预测方法类型
1	沙麦预测工作区	沙麦钨矿	J_3	热液型	沙麦式热液型钨矿	侵入岩体型
2	白石头洼预测工作区	白石头洼钨矿	J_3	热液型	白石头洼式热液型钨矿	侵入岩体型
3	七一山预测工作区	七一山钨矿	J	热液型	七一山式热液型钨矿	侵入岩体型
4	大麦地预测工作区	大麦地钨矿	K_1	热液型	大麦地式热液型钨矿	侵入岩体型
5	乌日尼图预测工作区	乌日尼图钨矿	J_3	热液型	乌日尼图式热液型钨矿	侵入岩体型

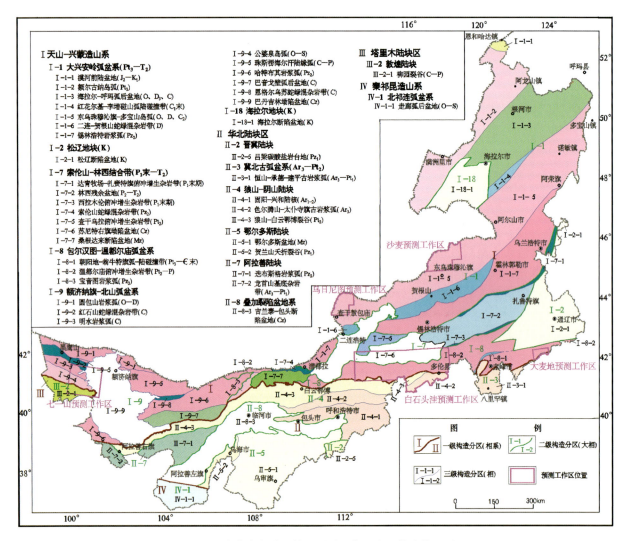

图 2-1 内蒙古自治区钨矿预测工作区大地构造位置图

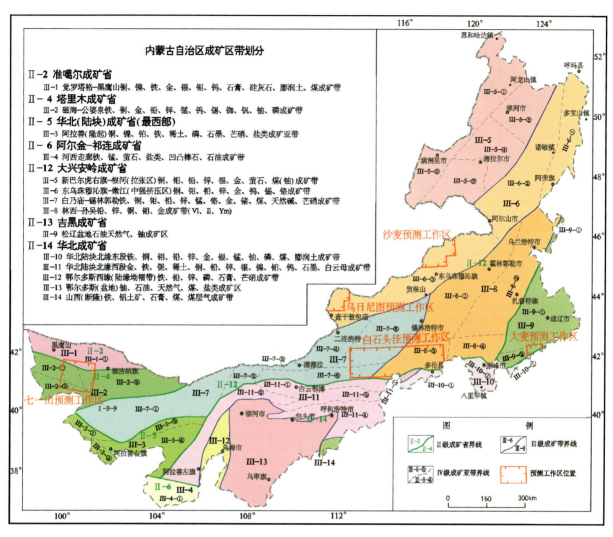

图 2-2 内蒙古自治区钨矿预测工作区成矿区带位置图

第三章　沙麦式侵入岩体型钨矿预测成果

沙麦钨矿预测工作区位于内蒙古自治区锡林郭勒盟东乌珠穆沁旗沙麦苏木辖区内,地处大兴安岭山地森林向蒙古高原草原过渡地带。属半干旱大陆性气候,冬长夏短,夏季炎热干燥,最高气温可达39℃,冬季严寒风大,最低气温为－41℃,风力多达6级以上。预测工作区属边远地区,人烟稀少,多以牧点的形式零星居住,人口密度不足1人/km²,多为蒙古族。经济形式主要为畜牧业,以羊、牛、马为主。交通以草原砂石路为主,四通八达。

第一节　典型矿床特征

一、典型矿床及成矿模式

沙麦中型钨矿床地理坐标:东经116°55′40″—116°56′55″,北纬45°57′50″—45°58′35″。探明WO_3金属量26 236t(消耗16 176t,保有10 060t),WO_3品位0.10%～4.82%,平均品位0.423%。

（一）典型矿床特征

1. 矿区地质

矿区被上新统宝格达乌拉组覆盖严重,中西部有似斑状黑云母花岗岩及中粒似斑状二长花岗岩等出露,东南部有零星的下侏罗统红旗组出露(图3-1)。

矿区地层从老到新有(结合钻孔资料):上泥盆统安格尔音乌拉组,下侏罗统红旗组二段、一段,上侏罗统满克头鄂博组,上新统宝格达乌拉组,全新统冲积物。

上泥盆统安格尔音乌拉组:原岩为一套海相碎屑岩,主要岩性有黄绿色、灰色粉砂岩,长石石英砂岩,局部夹板岩、细砂质沉凝灰岩、变泥岩。经区域变质、动力变质作用,原岩面貌仍清晰可见。角岩化强烈,形成绢云母角岩、绿泥二云母角岩、二云母角岩及绿泥绢云母角岩等,其中以二云母角岩和绿泥二云母角岩分布最广,是矿体主要围岩之一。总厚度大于215m。

下侏罗统红旗组二段:灰色、灰绿色泥岩,铁泥质粉砂岩夹铁质长石岩屑砂岩,细砾岩。钻孔控制厚度238m。近花岗岩处热接触变质明显,角岩化强烈。

下侏罗统红旗组一段:灰色、紫灰色、黄褐色长石石英砂岩,长石砂岩夹砾岩、泥岩。近花岗岩处热接触变质明显,角岩化强烈。厚度169m。

上侏罗统满克头鄂博组:流纹质晶屑凝灰岩,钻孔控制厚度40m。

上新统宝格达乌拉组:岩性为砖红色、棕红色粉砂质泥岩,含砾粗砂岩,呈半固结状态。钻孔控制厚度40m。

全新统冲积物:只分布在矿区北部沟谷中,为砂砾石、砂土。厚度小于10m。

矿区只出露有燕山期侵入岩,岩石类型为白垩纪中粒似斑状(黑云母)二长花岗岩和晚侏罗世黑云钾长石英斑岩、中粒似斑状黑云母花岗岩。脉岩有石英脉、花岗岩脉、花岗斑岩脉及闪长玢岩脉。

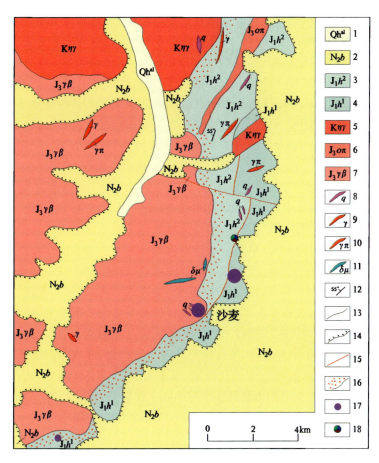

图 3-1 沙麦中型钨矿床区域地质图

1. 全新统冲积物;2. 上新统宝格达乌拉组;3. 下侏罗统红旗组二段;4. 下侏罗统红旗组一段;5. 白垩纪中粒似斑状(黑云母)二长花岗岩;6. 晚侏罗世黑云钾长石英斑岩;7. 晚侏罗世中粒黑云母正长花岗岩;8. 石英脉;9. 花岗岩脉;10. 花岗斑岩脉;11. 闪长玢岩脉;12. 岩层产状;13. 地质界线;14. 角度不整合界线;15. 断层;16. 角岩化;17. 钨矿位置;18. 铜铅锌矿点位置

中粒似斑状(黑云母)二长花岗岩:灰色、灰黄色,斑状中粒花岗结构,块状构造。似斑晶为正长条纹长石、石英,粒径为 6~20mm,其中正长条纹长石似斑晶普遍较小,一般为 5~8mm,小部分为 10~20mm。基质为正长条纹长石、石英、中更长石及黑云母,副矿物磁铁矿及楣石约 1%。岩体边部捕房体、顶垂体较多,脉岩也较发育,有石英脉、花岗岩脉、花岗细晶岩脉等。

黑云钾长石英斑岩:呈巨脉状产出,岩性为黑云母钾长石英斑岩,岩石已糜棱岩化,具糜棱结构—变余斑状结构,不完全眼球状构造。成分:变余斑晶中钾长石 15%、石英 10%、黑云母 5%;变余基质中石英 20%、钾长石 40%、黑云母 10%。

中粒似斑状黑云母花岗岩:灰黄色—灰白色斑状中粒黑云母花岗岩、正长花岗岩。斑状中粒花岗结构,块状构造。似斑晶条纹长石呈厚板状,粒径 6~20mm,含量 20%。基质条纹长石呈不规则厚板状,粒径 2~6mm,含量 25%;中更长石核部弱绢云母化,呈半自形板状,粒径 2~5mm,含量 15%;石英呈他形粒状集合体,粒径 1.5~4mm,含量 25%;黑云母呈片状,粒径 1.5mm 左右,含量 5%。副矿物有磁铁矿、楣石及磷灰石,约占 1%。

沙麦矿区位于北东向东乌珠穆沁旗复背斜轴部,由于花岗岩侵入和第四系覆盖,矿区褶皱不清。基本构造格架为多阶段活动的北西向、北东向 2 个方向的交叉断裂。在断裂演化发展过程中首先形成北西向、北东向 2 组共轭压扭性节理,进一步发展,其中一组或两组往往转变成张扭性追踪断裂,沿追踪断裂一般充填有石英脉及云英岩脉、含钨石英脉等。

北东向张扭性断裂被花岗伟晶岩及花岗细晶岩充填,在3号勘探线北西部表露最为明显。断裂走向一般为30°~60°,倾向南东,倾角50°~64°。断裂规模不等,长度为30~600m,宽度2~26m,其中最大一条露头长度大于600m,宽度6~26m。脉岩为走向20°~40°的折线形,往往出现"人"字形分支,脉体膨缩现象明显。较小规模的脉岩一般呈尖灭的扁豆状,该组断裂显示出张扭性特征。

北西向张扭性断裂与北东向张扭性断裂为同期形成的共轭关系。其特征也是被花岗伟晶岩及花岗细晶岩充填,主要分布在花岗岩中。但由于剥蚀较差,或为后期构造泯没,地表仅有零星出露,断裂主要反映在剖面上。该组断裂走向一般为300°~310°,倾向北东或南西,倾角84°~86°,断裂规模相差较大,较小的长度仅10~70m。充填断裂的脉岩一般为线形延深的脉状体或为膨缩的舒缓波状脉体,该组断裂也表现为张扭性特征。

北东向压扭性断裂不太发育,仅在矿区北西及南东部分出露。北西部除逆断层外,断裂充填有早期石英脉,南东部则为逆断层,充填该组断裂的早期石英脉截切前述北东向张扭性断裂中的花岗细晶岩,说明其形成时间晚于上述张扭性断裂。早期石英脉走向以60°为主,倾向北西,倾角56°~64°。早期石英脉规模不等,长40~210m,宽1~2m,较大脉体呈舒缓波状,自然尖灭,较小脉体呈直线延展。南东部逆断层有2条,平行展布,相距5~10m,长度大于250m,走向30°~50°,倾向北西,倾角65°~68°。

北西向压扭性节理极发育,遍布整个矿区,主要被含钨石英脉及云英岩充填。所充填的含钨石英脉穿切北东向早期石英脉,因此,北西向压扭性节理应属矿区第三期构造,节理走向一般为295°~307°,倾向北东或南西,倾角70°~86°,除主方向外,尚有次要方向与其相交,形成"人"字形。充填该组节理的含钨石英脉及云英岩无论在平面或剖面上均产状稳定,呈平直光滑的直线延伸,宽度小于5cm的含钨石英脉仅延长50~60m,宽度大于5cm的则延伸100~350m。伴随该节理成"X"形共轭关系的北东向压扭性节理不发育,分布零星,一般被线状石英脉充填,走向30°~50°,延长一般10~30m,亦呈直线形分布。

北西向张扭性大断裂是在复合改造或追踪利用了北西向压扭性节理经过长期多阶段发展演化形成的,与北西向压扭性节理属同期形成、不同发展阶段的产物,是贯穿矿区的主干断裂。在断裂发展演化时期也是对应的成矿阶段,断裂运动发展演化与成矿极为协调,在成矿鼎盛期间,断裂不断发展扩大,以张性为主,有利于矿液的运移沉淀,因此形成了沙麦钨矿床主要矿体。北西向张扭性大断裂另一特点是近等距斜列排布成5个断裂带,严格控制1~5号矿脉带的展布:已控制充填断裂的含钨石英脉及云英岩1号矿脉带长近800m,2号矿脉带长1 000m,3号矿脉带长600m;3个矿脉带控制延深均在400m以上;断裂带无论在平面上或剖面上,一般均呈直线或弱折线形舒缓波状延伸,在延伸尖灭部位往往过渡为压扭性节理。

北西向大断裂一直在不断活动,总体受北东向应力场控制,初始阶段形成北西向压扭性节理,进一步发展形成以张性为主的断裂带,呈等间距分布。成矿后断裂位于压扭性闭合阶段,充填其中的1-1、1-2、1-3号等矿脉表现为多期、多阶段成矿特征,矿体普遍具压碎结构,说明成矿后断裂仍有继承性活动。

矿区围岩蚀变主要为铁白云母化、云英岩化、角岩化,其次为黄铁矿化、萤石化、电气石化。

2. 矿床特征

沙麦矿区圈定钨矿体550余条,其中达到工业品位的矿体有77条,参与储量计算的有59条。矿体总体走向295°~307°,倾向南西(1、3号矿脉带)、北东(2号矿脉带),倾角82°~89°,矿体近于直立。矿体长24~645m,厚度0.75~11.06m,最厚达15.27m。矿脉形态较简单,呈石英脉、云英岩细脉型和大脉型(图3-2)。

1号矿脉带:走向NW305°,倾向南西,倾角84°~87°。由24个脉体组成,矿脉带控制长约800m,深约400m,宽度30~130m。代表性矿脉为1-1、1-2、1-17、1-24。矿脉具右向斜列的特点。

1-1含钨石英大脉:矿体呈脉状产出,分布于矿区中部,矿脉长约645m,平均厚度1.58m,最大倾斜延深265m。总体形态呈舒缓波状弱折线型自然延伸尖灭,矿脉厚度变化不大,地表厚度变化系数为37%,沿脉坑道厚度变化系数为36%。1 010m沿脉坑道显示,矿体呈舒缓波状,厚度由厚变薄,逐渐尖灭。矿脉局部地段具有分支复合现象,分支细脉一般长30~90m不等,与主矿体呈锐角相交。

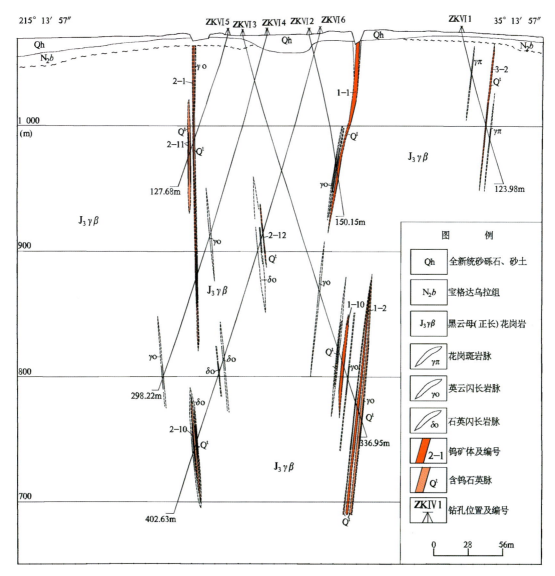

图 3-2　沙麦钨矿Ⅵ勘探线地质剖面图

1-2 含钨石英大脉：矿脉与 1-1 含钨石英大脉平行分布，产状相同。该矿脉为钻孔沿走向控制的盲矿脉，长约 549m，平均厚 2.68m，倾向延深未控制，推测应大于 200m。

1-17 云英岩型大脉：矿脉基本被钻孔控制圈定，产状与 1-1 含钨石英大脉相同。矿脉为扁豆状，长约 145m，平均厚 11.06m，倾向延深推测为 215m。

1-24 含钨石英大脉：分布于 1-1 矿脉北东 45m 处，与 1-1 含钨石英大脉平行，为矿山 2 号竖井掘进中发现的盲矿脉，上部直立，向深部 150m 处倾向北东，倾角 84°，倾向与 1-1 矿脉相反。在 935m 平巷用水平钻控制，走向间距 40m，控制长度大于 120m，矿体呈脉状，倾向延深大于 136m，且连续性好，平均厚度 0.85m。

2 号矿脉带：走向北西，倾向北东，倾角 82°～89°。总计有 34 个矿体，控制长约 1000m，深约 400m，宽度 24～55m。代表性矿脉为 2-1、2-2。矿脉具左向斜列的特点。

2-1 含钨石英脉：分布于 1-1 矿脉南西 155m，矿脉控制长约 475m，平均厚度 0.92m，最大倾斜延深 240m，矿体走向 NW295°，倾向北东，倾角 82°～89°。矿体形态与 1-1 类似，厚度变化系数为 35%。

2-2 含钨石英大脉：为钻孔控制的盲矿体，长约 168m，平均厚度 0.97m，最大倾斜延深 228m，产状与2-1相同。

3号矿脉带：走向NW307°，倾向南西，倾角84°。总计有8个矿体，控制长约600m，深约400m，宽度30~56m。矿体主要以尖灭再现及平行右向斜列排布为特点。代表性矿脉为3-1、3-5。

3-1含钨石英大脉：分布于1-1矿脉北东向134m处，矿脉长约290m，平均厚度0.33m，最大倾斜延深123m，总体走向NW307°，倾向南西，倾角84°。石英脉除规模较小外，矿体形态也较复杂，整个矿体由3种形态组成：①渐次尖灭形态，矿脉由大到小逐渐尖灭；②尖灭侧现形态，仅在局部发育；③分支尖灭再现形态。

3-5云英岩型大脉：矿脉产状与3-1含钨石英脉相同，脉体形态为扁豆状，长约112m，平均厚度10.76m，延深约175m，脉体为弱云英岩化花岗岩。

3. 矿脉分带

矿区内钨矿脉密集成群分布，呈石英岩、云英岩细脉型和大脉型2类平行排列，矿脉厚度悬殊，线脉级厚0.001~0.050m，细脉级厚0.05~0.20m，大脉级厚度在0.20m以上，是矿区的主要工业矿脉（体）。其中细脉和线脉受压扭性节理控制。大脉往往密集成带，受张扭性断裂控制，以近于等距平行排布。其中5—3矿脉带间平距为133m，3—1矿脉间距为134m，1—2矿脉间距为158m，2—4矿脉间距为110m。

矿床除在平面上近等距分布外，矿床在剖面上无论横向和纵向均显示明显的分带。横向分带在0勘探线，分为3个带，中间带位于4—1矿脉带间，带宽290m，含脉密度为0.23条/m，密度最大；向两侧，矿脉密度逐渐降低，两侧不对称，右侧窄小，密度从0.16条/m到0.06条/m，左侧宽大，密度从0.05条/m到0.03条/m。

矿床纵向（走向）变化，1、2、3号矿脉带由0—Ⅵ勘探线上下盘为云英岩的含钨石英脉。Ⅵ勘探线东南脉带进入围岩地层后发生急剧变化。1号脉带由原来的单脉体变为复脉，并在复脉间或上下盘伴随有云英岩脉及含钨石英细脉，转变为大脉细脉混合带，且矿石类型也随之改变，即由伴随上下盘云英岩的含钨石英脉变为独立的云英岩脉及含钨石英脉2类脉体。2号大脉穿过Ⅵ勘探线进入地层后，除变为复脉外，发生向左斜列形成大脉组，并延伸至Ⅺ勘探线即消失，被云英岩脉及石英细脉代替，云英岩脉及石英脉到达Ⅹ勘探线变为石英线脉，于Ⅺ勘探线石英细脉又复出现。2号大脉带在走向上的变化为单一大脉体→复脉大脉带→细脉带→线脉带→细脉带。3号矿脉带沿走向表现为含钨石英大脉被云英岩细脉代替，石英大脉完全消失。详查报告认为影响矿床横纵向分带的原因是矿床被剥蚀程度和花岗岩的产状，即岩体向南东倾伏。

1、2号和3、4号矿脉带对称相向陡倾斜及其尖灭侧现，使得矿脉对称下延形成阶梯状，在倾向上尖灭侧现，并以后者为主，即下盘侧以同一产状下延，总体形态似锥形体，尤以1、2号矿脉带最为明显。

矿床在剖面上分布格局也显示出明显的垂直分带，这种垂直分带在1、2、3号矿脉带表现为：1号矿脉带自下而上划分为3个带。下部为大脉带，以含钨石英大脉为主，伴随少量石英细脉，延深385m尚未尖灭，上宽下窄；中部为大脉细脉混合带，组成该带的脉体变厚，带宽加大，脉带自花岗岩向上进入围岩地层约100m，中部带脉体主要为含钨石英大脉，云英岩大脉、细脉及少量的石英细脉；上部带为零星分散的厚1cm及1~3mm的石英线脉，在地层上下延伸约40m。

2号矿脉带垂直分带与1号基本相同，下部为含钨石英大脉带，带宽较窄，延伸300m尚未尖灭；中部为云英岩大脉与含钨石英大脉及零星的石英细脉，下宽上窄；上部为厚1~3mm的零星分散石英线脉。

3号矿脉带自然分带较完整，自下而上依次为细脉带、大脉带、大脉细脉混合带及细脉带4个带，根部细脉带位于花岗岩中，向下延深不清，大脉带位于根部细脉带之上，为厚0.33m的独条含钨石英大脉，延深106m后尖灭。自花岗岩进入围岩地层即转变为大脉细脉混合带，组成该带的脉体除1.3m厚的含钨石英大脉外，还有11.56m厚的云英岩矿脉、细脉及0.08m厚的石英脉。顶部细脉带在地层中延伸 100m 未尖灭,以云英岩细脉为主,仅含一条厚度为 0.08~0.53m 的含钨石英脉。

综上所述,沙麦钨矿床在剖面上的垂直分带自下而上可概括为:根部细脉带→大脉带→大脉细脉混合带→顶部细脉带。伴随矿脉带垂直结构变化、围岩岩性不同、成矿差异,矿脉带围岩蚀变及其工业价值亦出现垂直变化(表 3-1)。

表 3-1 沙麦矿区钨矿矿脉带垂直结构变化表

类型	根部细脉带	大脉带	大脉细脉混合带	顶部细脉带
围岩	花岗岩类		角岩	早侏罗世变质砂砾岩
围岩蚀变	云英岩化		微弱电气石化、萤石化、黄铁矿化、角岩化、云英岩化	轻微绿泥石化
工业价值	无工业价值	工业价值大	工业价值不清	无工业价值

4. 矿石特征

沙麦钨矿共生或伴生矿物 20 余种,金属矿物以黑钨矿为主,其次为白钨矿、黄铁矿、黄铜矿,另见少量斑铜矿、方铅矿,偶见辉钼矿、毒砂、闪锌矿、孔雀石、蓝铜矿、褐铁矿;非金属矿物以石英、白云母、铁白云母、黑云母为主,钾长石、钠长石、黄玉次之,萤石少量,电气石、伊利石微量。

1-1 含钨石英大脉 WO_3 平均品位为 2.75%,品位变化系数为 192%;1-2 含钨石英大脉 WO_3 平均品位为 0.58%;1-17 云英岩型大脉 WO_3 平均品位为 0.24%;1-24 含钨石英大脉 WO_3 平均品位为 2.49%。2-1 含钨石英脉 WO_3 平均品位为 0.90%;2-2 含钨石英大脉 WO_3 平均品位为 2.72%。3-1 含钨石英大脉 WO_3 含量变化很大,1 010m 标高矿体 WO_3 平均品位为 3.64%;3-5 云英岩型大脉 WO_3 平均品位为 0.17%。

5. 矿石结构构造

矿石结构类型:由结晶作用形成的伟晶、粗粒、中粗粒、细粒结晶结构,由交代作用形成的鳞片花岗变晶、残余、骸晶、交叉结构,由机械作用形成的压碎结构等。

矿石构造:块状、交错脉状及网脉状、斑块状、浸染状、梳状、晶洞构造。

6. 围岩蚀变

围岩蚀变主要为铁白云母化、云英岩化、角岩化,其次为黄铁矿化、萤石化、电气石化。

铁白云母化:属矿区花岗岩类岩石自变质蚀变,非常广泛,遍及矿区所有花岗岩。花岗岩经自变质蚀变所形成的铁白云母,呈现极为耀眼的丝绢光泽,这种现象离开矿区即消失。

云英岩化:是矿区花岗岩的另一种蚀变,云英岩化叠加在铁白云母之上,或为独立脉体,或为含钨石英脉上下盘围岩。云英岩化花岗岩为矿区热液蚀变的弱变质带产物,与云英岩紧密伴生,主要分布于云英岩与铁白云母花岗岩的过渡带,在这种变质较轻的花岗岩类中黑钨矿亦往往富集成矿,与云英岩一起组成独立矿体或含钨石英脉上下盘云英岩型矿石。矿区所见云英岩有 2 期,早期为深灰色,鳞片花岗变晶结构,主要由 1~3mm 的他形晶石英及铁白云母组成,石英含量一般为 50%~70%,铁白云母为 25%~48%,黑钨矿、萤石少量。这期云英岩由于黑钨矿的富集往往构成矿脉或含钨石英脉的上下盘云英岩型矿石。石英脉上下盘云英岩厚度变化很大,一般来说云英岩的厚薄与石英脉呈依存关系,不但在横向上与含钨石英脉有关,在走向上也大体与之有关,同一条含钨石英脉沿走向逐渐尖灭,上下盘云英岩往往也随之变薄。晚期云英岩分布不广,往往以 2~14cm 厚的细脉穿插早期云英岩,与早期云英岩组成复合体。岩石为黄绿色、金黄色,白云母 80%,黄玉 15%,含少量石英及黑钨矿。综上所述,云英岩及云英岩化花岗岩既为含钨石英脉直接蚀变围岩,又往往形成独立矿体。

角岩化:上泥盆统由于直接与花岗岩侵入接触,受花岗岩侵入体热力影响,发生广泛热力变质作用,形成各种类型的角岩,所以围岩地层的角岩化预示着下伏有花岗岩存在。矿区晚泥盆世角岩不但是花岗岩的围岩,而且也是钨矿床的重要围岩。伴随着钨矿床的形成发展,角岩化又被后期云英岩化、黄铁矿化、萤石化及微弱的电气石化叠加。

7. 矿床成因及成矿时代

胡朋等(2005)认为:"沙麦钨矿床钨矿化与燕山晚期花岗岩体演化晚期边缘相的中细粒黑云母花岗岩关系密切,矿体受控于矿区内由花岗岩节理发育而来的北西向张扭性断裂,以黑钨矿石英大脉及蚀变云英岩的方式产出,这些特征与中国华南和花岗岩有关的石英脉型钨矿床的地质特征一致(南京大学地质系,1981;赫英,1987;陈毓川等,1995)。结合流体包裹体的研究表明,花岗质岩浆不仅从深部带来了大量的成矿物质,并在自身的分异演化中使其往岩体顶部和边部富集(赫英,1991;刘家远,2002;华仁民,2003),而且往往扮演了'热能机'的作用,导致了成矿热液的对流循环(毛景文等,1998;张作衡等,2002)。随着花岗质岩浆在地壳浅部侵位与冷凝,在岩体的隆起部位常形成一系列断裂系统,此时体系处于开放状态。沿这些开放的断裂系统,花岗质岩浆自身演化形成的岩浆热液与地表较冷的大气降水发生混合,引起流体体系的温度骤然冷却以及物理化学条件的改变,导致钨的快速沉淀,形成含钨石英脉型矿床。"

成矿时代:燕山晚期(晚侏罗世)。

(二)矿床成矿模式

沙麦钨矿床是位于大兴安岭南段西坡的典型黑钨矿-石英大脉型矿床,钨矿化主要位于燕山晚期花岗岩体内含钨石英大脉及其旁侧的云英岩内,与演化晚期的中细粒黑云母花岗岩、似斑状黑云母花岗岩关系密切。

通过对含钨石英脉和云英岩中石英流体包裹体的显微测温和单个包裹体显微激光拉曼光谱分析,认为沙麦钨矿床成矿流体为中低盐度的 $H_2O-NaCl-CO_2 \pm CH_4$ 流体体系。

高温、中等盐度的岩浆演化热液和低温、低盐度的大气降水的混合作用是引起矿石沉淀的主要机制。

断裂、节理、裂隙构造对矿液的运移和富集起着主要的作用,而成矿后的断裂构造对矿体亦有破坏作用。

通过对上述特点的分析与归纳,沙麦钨矿床的成矿模式如图3-3所示。

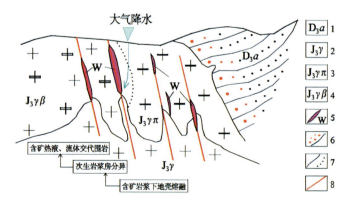

图3-3 沙麦钨矿床成矿模式示意图

1.上泥盆统安格尔音乌拉组;2.晚侏罗世花岗岩;3.晚侏罗世斑状花岗岩;4.晚侏罗世斑状黑云母花岗岩;5.钨矿脉;6.角岩化;7地质界线、岩相界线;8.断层

二、典型矿床地球物理特征

1. 重力特征

如图 4-3 所示,沙麦钨矿位于局部重力低异常边部,Δg 为 $(-108.00 \sim -104.00) \times 10^{-5}\,\mathrm{m/s^2}$。在剩余重力异常图上,沙麦钨矿位于 G 蒙-324 正异常与 L 蒙-323 负异常交接带的零等值线附近,正负异常均为北东走向,形态近似条带状。G 蒙-324 的剩余重力值 Δg 为 $12.39 \times 10^{-5}\,\mathrm{m/s^2}$,对应于花岗闪长岩;L 蒙-323 的剩余重力值 Δg 为 $-6.10 \times 10^{-5}\,\mathrm{m/s^2}$,该负异常区地表大量出露侏罗纪花岗岩。

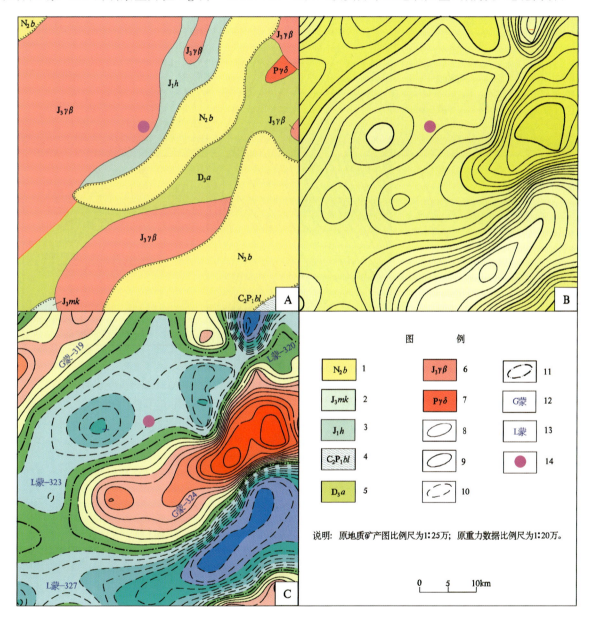

图 3-4 沙麦钨矿床重力异常图

A. 地质矿产图;B. 布格重力异常图;C. 剩余重力异常图;1. 上新统宝格达乌拉组;2. 上侏罗统满克头鄂博组;3. 下侏罗统红旗组;4. 上石炭统—下二叠统宝力高庙组;5. 上泥盆统安格尔音乌拉组;6. 晚侏罗世斑状黑云母花岗岩;7. 二叠纪花岗闪长岩;8. 布格重力异常线;9. 剩余重力正异常等值线;10. 剩余重力负异常等值线;11. 剩余重力零值异常等值线;12. 剩余重力正异常编号;13. 剩余重力负异常编号;14. 钨矿床位置

沙麦式与花岗岩有关的脉状钨矿位于局部重力低异常边缘,矿床主要受海西晚期到燕山期的花岗岩带及构造挤压隆起带的控制,特别是隆起构造及其伴生断裂构造为钨矿的富集提供了有利条件。

2. 航磁特征

据1∶5万航磁 ΔT 平面等值线图显示,矿点处于磁场变化梯度带上,磁场西高东低,走向近东西(图3-5)。

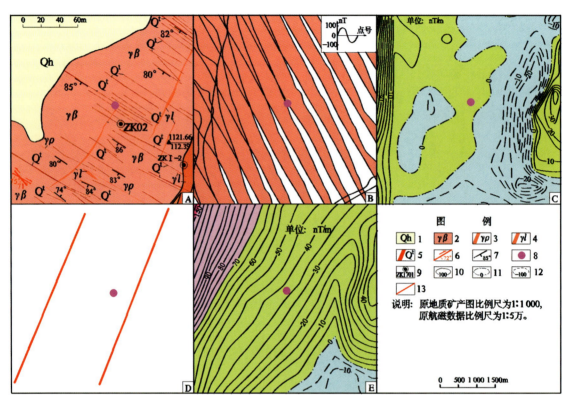

图3-5 沙麦钨矿地质矿产及物探剖析图

A. 地质矿产图;B. 航磁 ΔT 剖面平面图;C. 航磁 ΔT 化极垂向一阶导数等值线平面图;D. 推断地质构造图;E. 航磁 ΔT 化极等值线平面图;1. 全新统砂土、砂砾石;2. 中粒斑状黑云母花岗岩;3. 花岗伟晶岩脉;4. 花岗细晶岩脉;5. 含钨石英脉;6. 扭性节理及产状;7. 矿脉产状;8. 钨矿床位置;9. 钻孔位置及编号;10. 航磁正异常等值线及注记;11. 航磁零等值线及注记;12. 航磁负异常等值线及注记;13. 磁法推断三级断裂

三、地球化学特征

据1∶20万区域地球化学测量,沙麦钨矿矿区出现了以W为主,伴有Pb、Zn、Ag、Au、Cd等元素组成的综合异常。在沙麦一带W异常强度最高,规模大,浓集中心明显,Pb、Zn元素含量较高,而Ag、Au、Cd元素的含量较低(图3-6)。

四、矿床预测模型

根据典型矿床成矿要素和航磁资料以及区域重力资料、化探异常、遥感特征,建立典型矿床预测要素(表3-2)。

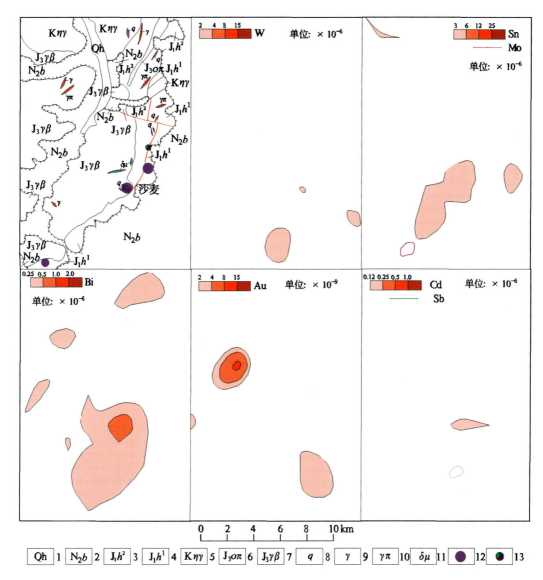

图 3-6 沙麦钨矿典型矿床地质矿产及化探剖析图

1. 全新统冲积物；2. 上新统宝格达乌拉组；3. 下侏罗统红旗组二段；4. 下侏罗统红旗组一段；5. 白垩纪中粒似斑状（黑云母）二长花岗岩；6. 晚侏罗世黑云钾长石英斑岩；7. 晚侏罗世中粒黑云母正长花岗岩；8. 石英脉；9. 花岗岩脉；10. 花岗斑岩脉；11. 闪长玢岩脉；12. 钨矿位置；13. 铜铅锌矿点位置

表 3-2 沙麦式侵入岩体型钨矿典型矿床预测要素表

典型矿床预测要素		内容描述			要素类别
储量		26 236t	平均品位	WO_3 0.423%	
特征描述		与燕山晚期侵入岩有关的高温热液脉型钨矿床			
地质环境	构造背景	天山-兴蒙造山系（Ⅰ）大兴安岭弧盆系（I-1）(Pt_3—T_2）东乌旗-多宝山岛弧（I-1-5）（O、D、C_2）			必要
	成矿环境	大兴安岭成矿省（Ⅱ-12）东乌珠穆沁旗-嫩江（中强挤压区）铜、钼、铅、锌、金、钨、锡、铬成矿带（Ⅲ-6）二连-东乌旗钨、钼、铁、锌、铅、金、银、铬成矿亚带（Ⅲ-6-③）（V、Y）沙麦钨矿集区（V-39）			必要
	成矿时代	晚侏罗世			必要

续表 3-2

典型矿床预测要素			内容描述			要素类别
储量			26 236t	平均品位	WO₃ 0.423%	
特征描述			与燕山晚期侵入岩有关的高温热液脉型钨矿床			
矿床特征	矿体形态		脉状—大脉状（脉带）为主，次为扁豆状			
	岩石类型		中粒黑云母花岗岩、似斑状黑云母花岗岩及其脉岩是矿体的主要围岩。石英脉、云英岩、云英岩化花岗岩为主要含矿岩石			重要
	岩石结构		中粒结构、似斑状结构			次要
	矿物组合		金属矿物以黑钨矿为主，其次为白钨矿、黄铁矿、黄铜矿，少量的斑铜矿、方铅矿等；非金属矿物以石英、白云母、铁白云母、黑云母为主，钾长石、钠长石、黄玉次之，萤石少量			重要
	结构构造		结构：伟晶、粗粒、中粗粒、细粒结晶结构，鳞片花岗变晶、残余、骸晶、交叉结构，压碎结构等。构造：块状、交错脉状及网脉状、斑块状、浸染状、梳状、晶洞构造			次要
	蚀变特征		云英岩化、铁白云母化、黄铁矿化、萤石化、电气石化、角岩化			必要
	控矿条件		控矿构造：北西向张扭性断裂构造是沙麦钨矿床的主要控矿构造。赋矿岩石：晚侏罗世中粒黑云母花岗岩、似斑状黑云母花岗岩既是成矿期岩体也是赋矿围岩			必要
物化探特征	地球物理特征	重力	处于重力负异常，剩余重力起始值（−2～0）×10⁻⁵m/s²			重要
		航磁	航磁 ΔT 化极异常强度值变化范围 −150～100nT			重要
	地球化学特征		矿区以 W 为主，伴有 Pb、Zn、Ag、Au、Cd 等元素组成的综合异常；在沙麦一带 W 异常强度最高，规模大，浓集中心明显，Pb、Zn 元素含量较高，而 Ag、Au、Cd 元素的含量较低			必要

第二节 预测工作区研究

内蒙古自治区沙麦式侵入岩体型钨矿床预测工作区位于内蒙古自治区锡林郭勒盟东乌珠穆沁旗沙麦苏木境内，预测工作区拐点坐标：①东经 116°00′00″，北纬 45°40′00″，②东经 118°00′00″，北纬 46°30′40″，③东经 118°00′00″，北纬 46°00′00″，④东经 117°30′00″，北纬 46°00′00″，⑤东经 117°30′00″，北纬 45°40′00″。

沙麦钨矿预测工作区大地构造位置位于天山-兴蒙造山系（Ⅰ）大兴安岭弧盆系（Ⅰ-1）（Pt₃—T₂）东乌旗-多宝山岛弧（Ⅰ-1-5）（O、D、C₂）（图 2-1）。成矿区带属大兴安岭成矿省（Ⅱ-12）东乌珠穆沁旗-嫩江（中强挤压区）铜、钼、铅、锌、金、钨、锡、铬成矿带（Ⅲ-6）二连-东乌旗钨、钼、铁、锌、铅、金、银、铬成矿亚带（Ⅲ-6-③）（Ⅴ、Ｙ）沙麦钨矿集区（Ⅴ-39）（图 2-2）。

一、区域地质特征

1. 成矿地质背景

预测工作区内地层从老到新有（结合钻孔资料）：上泥盆统安格尔音乌拉组，上石炭统—下二叠统宝力高庙组，下侏罗统红旗组二段、一段，上侏罗统满克头鄂博组，上新统宝格达乌拉组，全新统冲积物。

侵入岩主要为燕山期侵入岩，岩石类型为白垩纪中粒似斑状（黑云母）二长花岗岩和晚侏罗世黑云钾长石英斑岩、中粒似斑状黑云母花岗岩。预测工作区主要赋矿地质体为晚侏罗世中粒似斑状黑云母花岗岩、似斑状花岗岩及石英脉，是本区必要的控矿因素，它既是矿床的赋矿围岩，又是提供矿质来源的深部矿源层或直接矿源层。

区域上海西期和燕山期花岗岩类分布广泛。两个时期的花岗岩无论在产出环境、岩石组合和造岩矿物方面,还是在岩石化学和 Sr 同位素初始比值方面均存在着较大的差别。据张德全(1993)的研究,本区海西期花岗岩类主要与板块俯冲作用有关,属挤压造山环境下形成的钙碱性花岗岩系列,相比之下,燕山期花岗岩类则主要与大陆边缘断裂活动有关,属引张环境下地幔上隆所引发的亚碱性—碱性花岗岩系列。区域上,与海西期花岗质岩浆作用有关的矿床(点)有奥尤特铜矿床、巴彦都兰铜矿点、阿太乌拉铜矿点、狠麦温都尔铜矿点、乌兰陶勒盖铜矿床、海勒斯铅锌矿点等;与燕山期花岗质岩浆作用有关的矿床(点)有朝不楞铁铅锌多金属矿床、查干敖包银铅锌多金属矿床、吉林宝力格银多金属矿床、沙麦钨矿床及毛登锡铜矿床等,其中,燕山晚期黑云母花岗岩与本区钨矿化具密切的时空分布关系。

脉岩有石英脉、花岗岩脉、花岗斑岩脉及闪长玢岩脉。

预测工作区构造形迹主要表现为:北东向、北北东向和北西向3组。以北东向最为发育。北东向构造与区域性构造吻合,属控岩构造,北北东向构造与区域性构造在预测工作区内斜交,北北东向和北东向构造结合部位,给岩浆期后热液活动提供了上升空间。伴随燕山晚期侵入的黑云母花岗岩形成时,北西向区域压扭性应力场将岩体挤压成"X"形节理裂隙,先期形成北东向压扭性舒缓状断裂被脉岩灌入,而后形成北西向张扭性断裂带,成为钨矿床的容矿构造,区内工业矿脉严格受北西向张扭性断裂带控制。岩浆演化晚期形成大量含丰富矿物质的高温气水热液沿断裂构造软弱带灌入,同时对先期形成的岩石进行渗滤交代,形成高温热液含钨石英脉和云英岩化矿脉带。

2. 区域成矿模式

沙麦式侵入岩体型钨矿预测工作区大地构造位置位于扎兰屯-多宝山岛弧东乌旗复背斜带,区域上分布的地层为上古生界和中生界,广泛分布有海西期和燕山期花岗岩类。燕山晚期黑云母花岗岩与本区钨矿化具密切的时空分布关系。区域上有小坝梁铜金矿床、朝不楞铁铅锌多金属矿床、沙麦钨矿床、阿尔哈达铅锌矿床、吉林宝力格银矿床、乌日尼图钨钼矿床及乌兰德勒钼铜矿床(图3-7)。预测工作区成矿要素见表3-3。

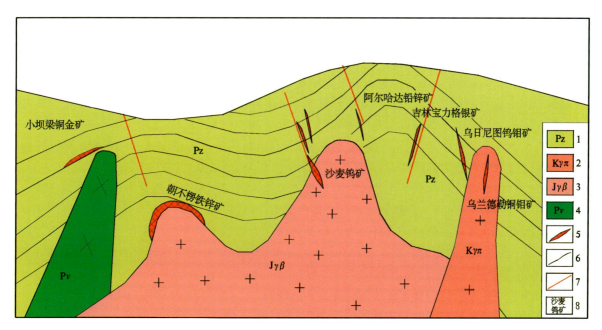

图 3-7 沙麦钨矿区域成矿模式图

1.古生代地层;2.白垩纪花岗斑岩;3.侏罗纪黑云母花岗岩;4.二叠纪辉长岩;5.矿脉;6.地质界线;7.断层;8.矿床名称

表 3-3 沙麦式侵入岩体型钨矿沙麦预测工作区成矿要素表

区域成矿要素		描述内容	要素类别
地质环境	大地构造位置	天山-兴蒙造山系（Ⅰ）大兴安岭弧盆系（Ⅰ-1）(Pt_3—T_2)东乌旗-多宝山岛弧（Ⅰ-1-5）(O,D,C_2)	必要
	成矿区带	大兴安岭成矿省（Ⅱ-12）东乌珠穆沁旗-嫩江（中强挤压区）铜、钼、铅、锌、金、钨、锡、铬成矿带（Ⅲ-6）二连-东乌旗钨、钼、铁、锌、铅、金、银、铬成矿亚带（Ⅲ-6-③）(V、Y)沙麦钨矿集区（V-39）	必要
	区域成矿类型及成矿期	与燕山晚期侵入岩有关的高温热液脉型钨矿床；成矿期为燕山晚期	必要
控矿地质条件	赋矿地质体	中粒黑云母花岗岩、似斑状黑云母花岗岩及其脉岩是矿体的主要围岩。石英脉、云英岩、云英岩化花岗岩为主要含矿岩石	必要
	控矿侵入岩	晚侏罗世中粒黑云母花岗岩、似斑状黑云母花岗岩	必要
	主要控矿构造	北西向张扭性断裂构造	必要
地球物理特征	重力特征	重力正负异常呈条带状交错出现，布格重力异常基本呈条带状北东方向展布，并呈现局部重力高与局部重力低相间排列的特点	次要
	航磁特征	局部磁异常高且形态规则，多为带状或椭圆状，异常轴向为北东向。沙麦钨矿位于预测工作区的中西部，磁场变化梯度带上，磁场西高东低，走向近东西	次要
地球化学特征		元素异常套合特征不明显，无明显的指向性。W元素浓集中心明显，异常强度高	必要
遥感解译		线性构造、环形构造发育，赋矿围岩（黑云母花岗岩）特征明显	次要
区内相同类型矿产		已知必鲁特钨矿化点1处	重要

二、区域地球物理特征

1. 重力特征

据1∶20万剩余重力异常图显示：重力正负异常呈条带状交错出现，走向北东向，南北两侧为负重力异常，极值-14.02×10^{-5}m/s^2，中间为正重力异常，极值12.39×10^{-5}m/s^2。

预测工作区重力场表现为局部布格重力异常基本呈条带状北东方向展布，并呈现局部重力高与局部重力低相间排列的特点。布格重力异常值在$(-128\sim-86)\times10^{-5}$m/s^{2}之间。剩余重力异常图上，显示多处规模大小不等以条带状为主的北东向剩余重力异常，正负异常相间排列。预测工作区东部两处北东向的大面积布格重力低异常，对应北东向剩余重力负异常，依据地质资料，地表广泛出露古近系、新近系、第四系，推断其为中—新生代盆地引起。预测工作区西部的两个局部重力高异常，地质资料显示此区域有超基性岩存在，将其推断为超基性岩体。北西部边境地区为剩余重力负异常，推断为中—新生代盆地。预测工作区的其他地区的剩余重力局部异常。由物性资料和地质资料分析，剩余重力负异常主要为花岗岩带引起；剩余重力正异常，推断为花岗闪长岩岩基与古生代地层及隐伏的超基性岩体所致。

从区域重力场特征可以推断矿区南东部存在一级断裂，即二连-东乌珠穆沁旗断裂。

预测工作区通过已知矿区的重力剖面进行2D反演计算，岩体最大延深约为4km。

2. 航磁特征

在1∶10万航磁ΔT等值线平面图上，预测工作区磁异常幅值范围为$-400\sim600$nT，其中预测工作区南东部背景值为$-100\sim0$nT，北东部、北西部背景值为$0\sim100$nT。预测工作区南东部有局部负异常,纵观预测工作区,局部磁异常高且形态规则,多为带状或椭圆状,异常轴向为北东向。沙麦钨矿位于预测工作区的中西部,磁场背景为平缓磁异常区－100～0nT 等值线附近。

据 1：50 万航磁化极等值线平面图显示,区域北部出现大面积磁正异常,南部则呈现出条带形正异常,极值达 500nT,走向东西向。预测工作区地质矿产及物探剖析图见图 3－8。

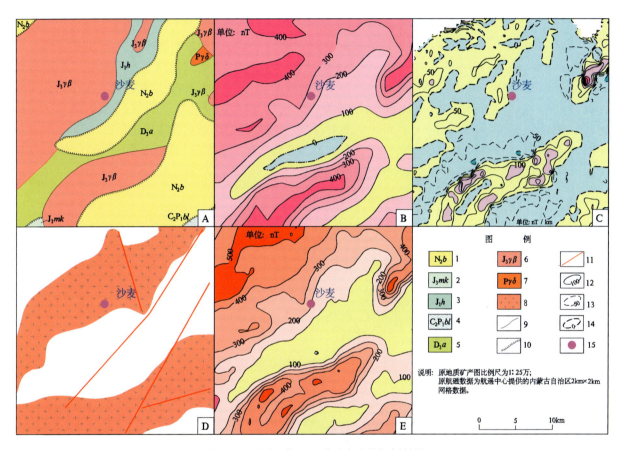

图 3－8　预测工作区地质矿产及物探剖析图

A. 地质矿产图；B. 航磁 ΔT 等值线平面图；C. 航磁 ΔT 化极垂向一阶导数等值线平面图；D. 磁法推断地质构造图；E. 航磁 ΔT 化极等值线平面图；1. 上新统宝格达乌拉组；2. 上侏罗统满克头鄂博组；3. 下侏罗统红旗组；4. 上石炭统—下二叠统宝力高庙组；5. 上泥盆统安格尔音乌拉组；6. 晚侏罗世斑状黑云母花岗岩；7. 二叠纪花岗闪长岩；8. 重磁推断酸性侵入岩；9. 地质界线；10. 角度不整合界线；11. 航磁推断断层；12. 正等值线；13. 负等值线；14. 零等值线；15. 钨矿床位置

三、区域地球化学特征

区域上分布有 Au、Cd、W、As、Sb 等元素组成的高背景区带,在高背景区带中有以 Au、Cd、W、As、Sb 为主的多元素局部异常。预测工作区内共有 13 个 W 异常,10 个 Ag 异常,11 个 As 异常,16 个 Au 异常,7 个 Cd 异常,6 个 Cu 异常,8 个 Mo 异常,13 个 Pb 异常,8 个 Sb 异常,5 个 Zn 异常。

预测工作区 Ag、As 多呈背景分布,存在零星的局部异常;Au 在预测工作区中部和南部呈背景、高背景分布,在北部呈低背景分布,在高背景区存在零星的局部异常;Cu、W 在预测工作区多呈背景、高背景分布,德尔森大阪—毛日达坂之间存在明显的浓度分带,呈北西向带状分布,在布日登吐呼都格和乌兰察布地区存在范围较大的高背景区,存在明显的浓度分带和浓集中心;Mo、Pb、Zn 在预测工作区多呈背景、低背景分布;Sb 在预测工作区多呈背景分布,存在局部异常。

预测工作区元素异常套合特征不明显,无明显的指向性。预测工作区北东部主要分布有 As、Sb、Cu、Zn、Cd、W 等元素异常,南部主要分布有 Au、As、Sb、Cu、Zn、Cd、W 等元素异常,W 元素浓集中心明显,异常强度高。

四、遥感影像及解译特征

预测工作区位于东乌珠穆沁旗复背斜轴部,褶皱被第四系覆盖。区内断裂构造发育,共解译出中小型构造 243 条,以北东向和北西向一对共轭关系的张扭性断裂为主,均被花岗伟晶岩和花岗细晶岩充填。北东向压扭性断裂分布在预测工作区北西部及南西部,根据穿切关系,该组断裂晚于北东向张扭性断裂。北西向压扭性节理发育,主要为含钨石英脉及云英岩充填,切穿北东向早期石英脉,属第三期构造。北西向张扭性大断裂是贯穿矿区的主干断裂,在断裂发展时期也是对应的成矿价段,成矿期间断裂不断发展扩大,有利于矿脉的运移沉淀,因此形成了沙麦钨矿床主要矿体;该断裂另一特点是以近等距离斜列排布成 5 个断裂带,严格控制各矿脉的展布(图 3-9)。

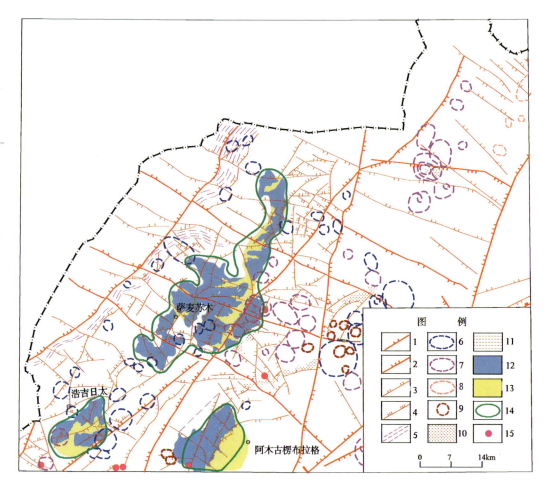

图 3-9 沙麦式钨矿预测工作区(部分)遥感解译图

1.中型正断层;2.中型逆断层;3.小型正断层;4.小型逆断层;5.脆-韧性变形带;6.中生代花岗岩类引起的环形构造;7.与隐伏岩体有关的环形构造;8.成因不明环形构造;9.火山机构或通道;10.角岩化;11.绢云母化;12.燕山期花岗岩;13.新近系上新统;14.最小预测区范围;15.钨矿点

预测工作区内的环形构造比较发育,共解译出环形构造 88 处,其成因为中生代花岗岩类引起的环形构造、与隐伏岩体有关的环形构造、火山机构或通道以及部分成因不明的环形构造。环形构造在空间分布上有明显的规律,大部分集中在中部地区,且中部地区的环形构造大部分集中在瓦窑-阿日哈达构造周围邻近区域。

中粒黑云母花岗岩、似斑状黑云母花岗岩及脉岩是矿体的主要围岩,色调、地形地貌、水系是其较明显的解译标志,是圈定带要素的依据。

预测工作区的羟基异常分布较少且主要分布在东部地区,北西部地区有部分小块状异常,其余地区零星分布。铁染异常主要呈带状和小片状分布在北东部及中部偏东地区,其余地区有零星分布。

综合上述,沙麦式与花岗岩有关的脉状钨矿预测工作区共圈定出萨麦苏木、浩吉日太和阿木古楞布拉格3个最小预测区。

五、自然重砂特征

预测工作区1:20万区域地质测量共圈出3个钨矿异常,其中Ⅰ级1个、Ⅱ级1个、Ⅲ级1个。利用拐点法确定背景值及异常下限,下限为500粒。预测工作区内成矿类型为沙麦式与花岗岩有关的脉状钨矿。预测工作区主要出露下侏罗统红旗组,岩性为黄绿色、灰黑色砂岩、砾岩,泥岩及角岩。预测工作区内有燕山早期黄褐色、灰白色中粒似斑状及中细粒黑云母花岗岩,石英脉等。

钨矿主要赋存在石英脉,矿脉出露多条,呈平行排列,走向为300°,长几米到数百米,宽几厘米到几十厘米。钨矿的主要成分为黑钨矿及石英,伴生矿物有白云母、黄玉、萤石及伊利石,钨矿分布很不均匀,多数嵌布于石英块体及白云母之间,大小变化很大。

六、区域预测模型

根据预测工作区区域成矿要素和航磁、重力、遥感及区域化探特征,建立了本预测工作区的区域预测要素,并编制预测工作区预测要素图和预测模型图。

区域预测要素图以区域成矿要素图为基础,综合研究重力、航磁、化探、遥感、自然重砂等综合致矿信息,总结出区域预测要素(表3-4)。

以地质剖面图为基础,叠加区域航磁及重力剖面图而编制形成预测模型图,简要表示预测要素内容及其相互关系,以及时空展布特征(图3-10)。

表3-4 沙麦式侵入岩体型钨矿预测工作区预测要素表

预测要素		描述内容	要素类别
地质环境	大地构造位置	天山-兴蒙造山系(Ⅰ)大兴安岭弧盆系(Ⅰ-1)(Pt_3—T_2)东乌旗-多宝山岛弧(Ⅰ-1-5)(O、D、C_2)	必要
	成矿区带	大兴安岭成矿省(Ⅱ-12)东乌珠穆沁旗-嫩江(中强挤压区)铜、钼、铅、锌、金、钨、锡、铬成矿带(Ⅲ-6)二连-东乌旗钨、钼、铁、锌、铅、金、银、铬成矿亚带(Ⅲ-6-③)(V、Y)沙麦钨矿集区(V-39)	必要
	区域成矿类型及成矿期	与燕山晚期侵入岩有关的高温热液脉型钨矿床。成矿时代为晚侏罗世	必要
控矿地质条件	赋矿地质体	中粒黑云母花岗岩、似斑状黑云母花岗岩及其脉岩是矿体的主要围岩。石英脉、云英岩、云英岩化花岗岩为主要含矿岩石	必要
	控矿侵入岩	晚侏罗世中粒黑云母花岗岩、似斑状黑云母花岗岩	必要
	主要控矿构造	北东向及北北东向两个构造形迹的相接部位以及次一级北西向的张扭性断裂构造	必要
区内相同类型矿产		成矿区带内有必鲁特钨矿点1处	重要

续表 3-4

预测要素		描述内容	要素类别
物化探特征	地球物理特征 — 重力	预测工作区重力场表现为局部布格重力异常基本呈条带状北东方向展布,并呈现局部重力高与局部重力低相间排列的特点。预测工作区中部为两条北东向条带状重力低异常带,北西部边境地区为等值线较密集的梯度带。布格重力异常值在($-128 \sim -86$)$\times 10^{-5}$ m/s^{2}之间。剩余重力异常图上,显示多处规模大小不等、条带状为主的北东向剩余重力异常,正负异常相间排列	重要
	地球物理特征 — 航磁	在 1:10 万航磁 ΔT 等值线平面图上预测工作区磁异常幅值范围为$-400 \sim 600$ nT,其中预测工作区南东部背景值为$-100 \sim 0$ nT,北东部、北西部背景值为 $0 \sim 100$ nT。预测工作区南东部有局部负异常,纵观预测工作区,局部磁异常高且形态规则,多为带状或椭圆状,异常轴向为北东向。沙麦钨矿位于预测工作区的中西部,磁场背景为平缓磁异常区,$-100 \sim 0$ nT 等值线附近	重要
	地球化学特征	预测工作区上 Ag、As 元素多呈背景分布,存在零星的局部异常;Au 元素在预测工作区中部和南部呈背景、高背景分布,在北部呈低背景分布,在高背景区存在零星的局部异常;Cu、W 元素在预测工作区多呈背景、高背景分布,德尔森大阪—毛日达坂之间存在明显的浓度分带,呈北西向带状分布,在布日登吐呼都格和乌兰察布地区存在范围较大的高背景区,存在明显的浓度分带和浓集中心;Mo、Pb、Zn 元素在预测工作区多呈背景、低背景分布;Sb 元素在预测工作区多呈背景分布,存在局部异常。W 元素异常下限值 2.0×10^{-6}。预测工作区元素异常套合特征不明显,无明显的指向性	必要
遥感特征		遥感解译线性构造、环形构造发育	重要

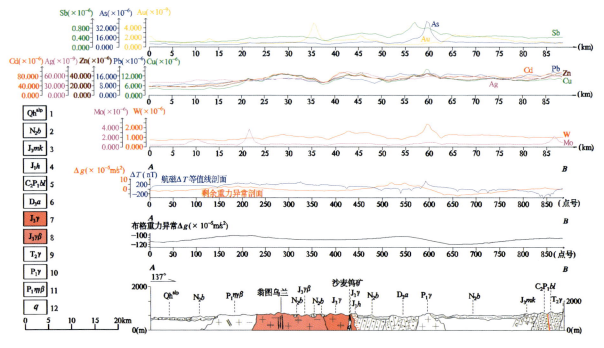

图 3-10 沙麦预测工作区预测模型图

1. 全新统冲洪积物;2. 上新统宝格达乌拉组;3. 上侏罗统满克头鄂博组;4. 下侏罗统红旗组;5. 上石炭统—下二叠统宝力高庙组;6. 上泥盆统安格尔音乌拉组;7. 晚侏罗世似斑状中粒花岗岩;8. 晚侏罗世似斑状中粒黑云母花岗岩;9. 中三叠世花岗岩;10. 早二叠世花岗岩 11. 早二叠世黑云母二长花岗岩;12. 含钨石英脉

第三节 矿产预测

一、综合地质信息定位预测

1. 变量提取及优选

根据典型矿床成矿要素及预测工作区研究成果,进行综合信息预测要素提取,本次选择网格单元作为预测单元,根据预测底图比例尺确定网格间距为 1 000m×1 000m,图面为 10mm×10mm。

根据对典型矿床成矿要素及预测要素的研究,选取以下变量。

地质体:预测工作区晚侏罗世中粗粒似斑状花岗岩、似斑状黑云母花岗岩,共提取地质体 13 块,总面积为 485.2km²。预处理:对提取岩体周边的第四系及其以上的覆盖部分进行揭盖,揭盖后地质体的总面积为 667.01km²。

断层:提取北东—北北东向、北西向地质断层及遥感解译、重力推断断裂,并根据断层的规模做半径为 500m 的缓冲区。

化探:W 元素化探异常起始值大于 $2.0×10^{-6}$ 的范围。

重力:剩余重力起始值大于 $-10×10^{-5}\,m/s^2$。

航磁:航磁化极值大于 $-200nT$ 的范围。

遥感:遥感的线性要素用于推测隐伏断裂存在。

地质体、断层、遥感等要素进行单元赋值时采用预测工作区的存在标志;化探、剩余重力、航磁化极则求起始值的加权平均值,在变量二值化时利用异常范围值人工输入变化区间。

2. 最小预测区圈定及优选

由于预测工作区内只有一个已知矿床,因此采用 MRAS 矿产资源 GIS 评价系统中少预测模型工程,添加地质体、断层、W 元素化探异常、剩余重力、航磁化极、遥感线要素、已知矿床点等专题图层,利用网格单元法进行定位预测。采用空间评价中数量化理论Ⅲ、聚类分析、神经网络分析等方法进行预测,比照各类方法的结果,确定采用神经网络分析法进行评价,再结合综合信息法叠加各预测要素圈定最小预测区,并进行优选。形成的色块图,叠加各预测要素,对色块图进行人工筛选,根据种子单元赋颜色,选择沙麦钨矿床所在单元为种子单元。

3. 最小预测区圈定结果

本次工作共圈定各级异常区 20 个,其中 A 级 1 个(含沙麦钨矿床),面积 65.19km²;B 级 14 个,总面积 383.04km²;C 级 5 个,总面积 99.45km²(表 3-5)。

沙麦钨矿预测工作区预测底图精度为 1∶5 万,并根据成矿有利度[含矿地质体、控矿构造、矿(化)点、找矿线索及物化探异常]、地理交通及开发条件和其他相关条件,将预测工作区内最小预测区级别分为 A、B、C 三个等级,最小预测区优选分布如图 3-11 所示。

所圈定的 20 个最小预测区,最小预测区面积在 10.19~65.19km² 之间。各级别分布合理,且已知矿床(点)分布在 A 级预测区内,说明预测区优选分级原则较为合理;最小预测区圈定结果表明,预测区总体与区域成矿地质背景和物化探异常等吻合程度较好,存在或可能发现钨矿产地的可能性高,具有一定的可信度。

表 3-5 沙麦式侵入岩体型钨矿最小预测区一览表

序号	最小预测区编号	最小预测区名称	序号	最小预测区编号	最小预测区名称
1	A1508201001	沙麦钨矿	11	B1508201010	准哈布特盖绍仁西
2	B1508201001	1022高地	12	B1508201011	准哈塔布其
3	B1508201002	1022高地南	13	B1508201012	帅音北西
4	B1508201003	高毕图西	14	B1508201013	毛其布其日音乌拉
5	B1508201004	翁图乌兰	15	B1508201014	阿木古楞布拉格
6	B1508201005	满都拉图嘎查	16	C1508201001	霍尔其格嘎查北西
7	B1508201006	准沙麦布拉格	17	C1508201002	796高地
8	B1508201007	阿勃德仁图	18	C1508201003	阿木古楞布拉格西
9	B1508201008	沙麦苏木	19	C1508201004	乌素音查干
10	B1508201009	1191高地北西	20	C1508201005	昂格尔北东

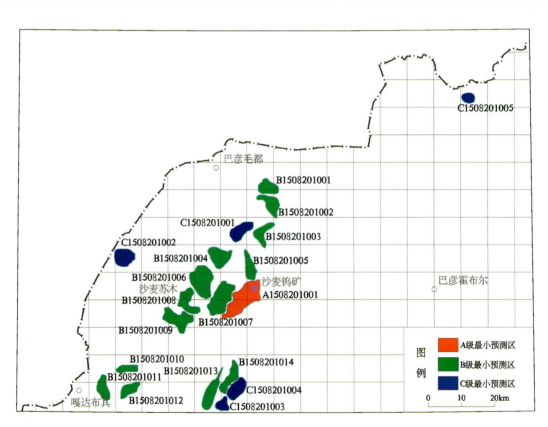

图 3-11 沙麦式侵入岩体型钨矿最小预测区优选分布图

4. 最小预测区地质评价

预测工作区隶属内蒙古自治区锡林郭勒盟东乌珠穆沁旗,为中纬度低山丘陵区,区内沟谷较发育,地形较复杂,为构造剥蚀堆积与山前荒漠戈壁和风沙区。属半干旱大陆性气候。预测工作区属边远地区,人烟稀少,多以牧点的形式零星居住,经济形式主要为畜牧业。交通以草原砂石路为主,四通八达。劳动力缺乏,生产和生活用品均从外地调入。适宜以大规模机械化露天开采。各最小预测区成矿条件及找矿潜力见表3-6。

表 3-6　沙麦式侵入岩体型钨矿沙麦预测工作区最小预测区综合信息特征一览表

最小预测区编号	最小预测区名称	综合信息
A1508201001	沙麦钨矿	沙麦中型钨矿床所在区(模型区),有多条钨矿脉,晚侏罗世花岗岩,北东向、北西向断层等重要的有利条件,剩余重力异常起始值为$(0\sim3)\times10^{-5}\mathrm{m/s^2}$,航磁化极起始值为$-100\sim100\mathrm{nT}$,化探综合异常W起始值为$2.0\times10^{-6}$,找矿潜力较好,为A级。预测深度为383m,资源量类别为334-1,0~383m预测WO_3资源储量为34 638.16t
B1508201001	1022高地	有晚侏罗世似斑状黑云母花岗岩,北东向、北西向断层从预测工作区的边部通过等重要的有利条件,剩余重力异常起始值为$(0\sim2)\times10^{-5}\mathrm{m/s^2}$,航磁化极起始值为$200\sim250\mathrm{nT}$,W地球化学异常起始值为$2.0\times10^{-6}$,找矿潜力较好,为B级。预测深度为328m,资源量类别为334-3,0~328m预测WO_3资源储量为1 882.56t
B1508201002	1022高地南	有晚侏罗世似斑状花岗岩,北东向、北西向断层从预测工作区通过等重要的有利条件,剩余重力异常起始值为$(0\sim1)\times10^{-5}\mathrm{m/s^2}$,航磁化极起始值为$100\sim200\mathrm{nT}$,成矿地质背景与沙麦钨矿相似,找矿潜力较好,为B级。预测深度为328m,资源量类别为334-3,0~328m预测WO_3资源储量为4 336.39t
B1508201003	高毕图西	有晚侏罗世似斑状花岗岩、北东向断层等重要的成矿有利条件,剩余重力异常起始值为$(0\sim2)\times10^{-5}\mathrm{m/s^2}$,航磁化极起始值为$100\sim200\mathrm{nT}$,成矿地质背景与沙麦钨矿相似,具较好的找矿潜力。预测区为B级,预测深度为328m,资源量类别为334-3,0~328m预测WO_3资源储量为2 742.88t
B1508201004	翁图乌兰	有晚侏罗世似斑状花岗岩、北东向断层等重要的成矿有利条件,剩余重力异常起始值为$(0\sim2)\times10^{-5}\mathrm{m/s^2}$,航磁化极起始值为$150\sim200\mathrm{nT}$,成矿地质背景与沙麦钨矿相似,找矿潜力较好,为B级。预测深度为328m,资源量类别为334-3,0~328m预测WO_3资源储量为4 145.49t
B1508201005	满都拉图嘎查	有晚侏罗世似斑状花岗岩、北东向断层等重要的成矿有利条件,剩余重力异常起始值为$(-2\sim-1)\times10^{-5}\mathrm{m/s^2}$,航磁化极起始值为$-100\sim200\mathrm{nT}$,成矿地质背景与沙麦钨矿相似,找矿潜力较好,为B级。预测深度为328m,资源量类别为334-3,0~328m预测WO_3资源储量为3 748.13t
B1508201006	准沙麦布拉格	有晚侏罗世似斑状黑云母花岗岩、北东向断层从预测区通过等重要的有利条件,剩余重力异常起始值为$(-5\sim-3)\times10^{-5}\mathrm{m/s^2}$,航磁化极起始值为$0\sim350\mathrm{nT}$,找矿潜力较好,为B级,预测深度为328m,资源量类别为334-3,0~328m预测WO_3资源储量为9 023.91t
B1508201007	阿勃德仁图	有晚侏罗世似斑状黑云母花岗岩,与沙麦钨矿区毗邻,剩余重力异常起始值为$(-5\sim-3)\times10^{-5}\mathrm{m/s^2}$,航磁化极起始值为$0\sim350\mathrm{nT}$,找矿潜力较好。预测深度为328m,资源量类别为334-3,0~328m预测WO_3资源储量为9 551.16t
B1508201008	沙麦苏木	有晚侏罗世似斑状黑云母花岗岩,与沙麦钨矿区毗邻,剩余重力异常起始值为$(-2\sim0)\times10^{-5}\mathrm{m/s^2}$,航磁化极起始值为$100\sim250\mathrm{nT}$,找矿潜力较好,为B级,预测深度为328m,资源量类别为334-3,0~328m预测资源储量为5 027.77t
B1508201009	1191高地北西	有晚侏罗世似斑状黑云母花岗岩、北东向断层从预测区的边部通过等重要的有利条件,剩余重力异常起始值为$(-1\sim0)\times10^{-5}\mathrm{m/s^2}$,航磁化极起始值为$100\sim200\mathrm{nT}$,W地球化学异常起始值为$2.0\times10^{-6}$,找矿潜力较好,为B级。预测深度为328m,资源量类别为334-3,0~328m预测资源储量为6 911.36t

续表 3-6

最小预测区编号	最小预测区名称	综合信息
B1508201010	准哈布特盖绍仁西	有晚侏罗世似斑状黑云母花岗岩、北东向断层从预测区的边部通过等重要的有利条件,剩余重力异常起始值为$(-1\sim0)\times10^{-5}\mathrm{m/s^2}$,航磁化极起始值为$100\sim300\mathrm{nT}$,W地球化学异常起始值为$2.0\times10^{-6}$,找矿潜力较好,为B级。预测深度为328m,资源量类别为334-3,0~328m预测资源储量为1 177.90t
B1508201011	准哈塔布其	有晚侏罗世似斑状黑云母花岗岩、北东向断层从预测区的边部通过、北西向断层穿过预测区等重要的有利条件,剩余重力异常起始值为$(-1\sim0)\times10^{-5}\mathrm{m/s^2}$,找矿潜力较好,为B级。预测深度为328m,资源量类别为334-3,0~328m预测资源储量为1 841.24t
B1508201012	帅音北西	有晚侏罗世似斑状黑云母花岗岩、北西向断层穿过预测区等重要的有利条件,剩余重力异常起始值为$(-2\sim-1)\times10^{-5}\mathrm{m/s^2}$,航磁化极起始值为$100\sim300\mathrm{nT}$,找矿潜力较好,为B级。预测深度为328m,资源量类别为334-3,0~328m预测资源储量为1 603.38t
B1508201013	毛其布其日音乌拉	有晚侏罗世似斑状花岗岩、北东向断层从预测区的边部通过、近东西向断层穿过预测区等重要的成矿有利条件,剩余重力异常起始值为$(-3\sim0)\times10^{-5}\mathrm{m/s^2}$,航磁化极起始值为$300\sim400\mathrm{nT}$,W地球化学异常起始值为$2.0\times10^{-6}$,成矿地质背景与沙麦钨矿相似,找矿潜力较好,为B级。预测深度为328m,资源量类别为334-3,0~328m预测资源储量为2 693.32t
B1508201014	阿木古楞布拉格	有晚侏罗世似斑状花岗岩、北东向北西向断层从预测区的边部通过、近东西向断层穿过预测区等重要的成矿有利条件,剩余重力异常起始值为$(-5\sim3)\times10^{-5}\mathrm{m/s^2}$,航磁化极起始值为$200\sim400\mathrm{nT}$,W地球化学异常起始值为$2.0\times10^{-6}$,成矿地质背景与沙麦钨矿相似,找矿潜力较好,为B级。预测深度为328m,资源量类别为334-3,0~328m预测资源储量为4 578.36t
C1508201001	霍尔其格嘎查北西	为覆盖区,处于沙麦钨矿床含矿岩体的边部,北东向、北西向断裂构造的交会部位,剩余重力异常起始值为$(-1\sim2)\times10^{-5}\mathrm{m/s^2}$,航磁化极起始值为$100\sim200\mathrm{nT}$,W地球化学异常起始值为$2.0\times10^{-6}$,异常发育具明显的浓集中心,成矿地质背景与沙麦钨矿相似,找矿潜力较好,为C级。预测深度为300m,资源量类别为334-3,0~300m预测资源储量为1 040.96t
C1508201002	798高地	为覆盖区,处于沙麦钨矿床含矿岩体的边部,北东向断裂构造穿过预测区,剩余重力异常起始值为$(-5\sim3)\times10^{-5}\mathrm{m/s^2}$,W地球化学异常起始值为$2.0\times10^{-6}$,异常发育具明显的浓集中心,极值为$848.0\times10^{-6}$,找矿潜力较好,为C级。预测深度为300m,资源量类别为334-3,0~300m预测资源储量为1 138.83t
C1508201003	阿木古楞布拉格西	为覆盖区,处于沙麦钨矿床含矿岩体的边部,北西向断裂构造穿过预测区,剩余重力异常起始值为$(-5\sim-2)\times10^{-5}\mathrm{m/s^2}$,航磁化极起始值为$150\sim300\mathrm{nT}$,W地球化学异常起始值为$2.0\times10^{-6}$,找矿潜力较好,为C级。预测深度为300m,资源量类别为334-3,0~300m预测资源储量为1 051.02t
C1508201004	乌素音查干	为覆盖区,处于沙麦钨矿床含矿岩体的边部,北西向断裂构造穿过预测区,剩余重力异常起始值为$(-6\sim-2)\times10^{-5}\mathrm{m/s^2}$,航磁化极起始值为$0\sim400\mathrm{nT}$,W地球化学异常起始值为$2.0\times10^{-6}$,找矿潜力较好,为C级。预测深度为300m,资源量类别为334-3,0~300m预测资源储量为518.39t
C1508201005	昂嘎尔北东	为覆盖区,处于沙麦钨矿床含矿岩体的边部,北西向断裂构造穿过预测区,剩余重力异常起始值为$(-4\sim4)\times10^{-5}\mathrm{m/s^2}$,W地球化学异常起始值为$2.0\times10^{-6}$,找矿潜力较好,为C级。预测深度为300m,资源量类别为334-3,0~300m预测资源储量为427.89t

二、综合信息地质体积法估算资源量

(一) 典型矿床深部及外围资源量估算

沙麦钨矿典型矿床储量资料来源于2005年内蒙古自治区矿产资源储量评审中心"内国土资储备字[2005]67号"评审备案证明及意见书。本次核实的59条矿体，合计保有资源储量矿石量2 380 042t，WO_3储量10 060t，平均品位0.423%，历年开采消耗矿石量依据钨精矿产量反算为917 639t，WO_3储量16 176t。典型矿床面积根据1:10万矿区地形地质图圈定，典型矿床深度根据矿区勘探线剖面，矿区钻孔控制最大垂深为383m(表3-7)。

表3-7 沙麦钨矿典型矿床深部及外围资源量估算一览表

典型矿床		深部及外围		
已查明资源量(t)	26 236	深部	面积(m^2)	519 305
面积(m^2)	519 305		深度(m)	55
深度(m)	328	外围	面积(m^2)	72 626
品位(%)	0.423		深度(m)	383
体重(t/m^3)	3.0	预测资源量(t)		8 683
体积含矿率(t/m^3)	0.000 154	典型矿床资源总量(t)		34 919

(二) 模型区的确定、资源量及估算参数

模型区为典型矿床所在的最小预测区。沙麦典型矿床查明资源量26 236t，预测资源量8 683t，模型区总资源量＝查明资源量＋预测资源量＝34 919(t)。模型区面积为依托MRAS2.0软件采用少模型工程神经网络法优选后圈定，模型区延深与典型矿床一致，采用383m；模型区含矿地质体面积与模型区面积一致，含矿地质体面积参数为1。模型区含矿地质体总体积＝模型区面积×模型区延深×含矿地质体面积参数＝65 191 261m^2×383m＝24 968 252 963m^3。模型区含矿系数＝模型区总资源量÷模型区含矿地质体体积＝34 919÷24 968 252 963＝0.000 001 4(t/m^3)(表3-8)。

表3-8 模型区预测资源量及其估算参数表

编号	名称	经度	纬度	模型区总资源量(t)	模型区面积(m^2)	延深(m)	含矿地质体面积(m^2)	含矿地质体面积参数	含矿地质体总体积(m^3)	含矿系数(t/m^3)
A1508201001	沙麦钨矿	1165344.50	455749.13	34 919	65 191 261	383	65 191 261	1	24 968 252 963	0.000 001 4

(三) 最小预测区预测资源量

1. 估算方法的选择

沙麦式侵入岩体型钨矿预测工作区最小预测区资源量定量估算采用脉状矿床预测法进行估算(表3-9)。

表 3-9 沙麦预测工作区资源量估算方法表

预测工作区编号	预测工作区名称	资源量估算方法
1508201	沙麦钨矿	脉状矿床预测法

2. 估算参数的确定

1) 最小预测区面积圈定方法及圈定结果

预测区的圈定与优选采用少模型方法中的神经网络法。

沙麦预测工作区预测底图精度为 1:10 万,并根据成矿有利度[含矿地质体、控矿构造、矿(化)点、找矿线索及物化探异常]、地理交通及开发条件和其他相关条件,将预测工作区内最小预测区级别分为 A、B、C 三个等级。

首先在最小预测区内根据地质、物探、化探、遥感相关资料确定成矿构造带长度、宽度。估算典型矿床已知脉群带中体积含矿率,并建立体积资源量模型。根据典型矿床体积含矿率和体积资源量模型估算典型矿床深部及外围预测脉群带的预测资源量。对模型区控矿构造带长度、宽度、产状、延深进行估计,计算控矿构造带的含矿系数。

预测工作区的圈定与优选在成矿区带的基础上,采用特征分析法。在 MRAS2.0 下进行预测工作区的圈定与优选。然后在 MapGIS 下,根据优选结果圈定成为不规则形状。最终圈定 20 个最小预测区,其中 A 级区 1 个,B 级区 14 个,C 级区 5 个(表 3-10)。

表 3-10 沙麦钨矿预测工作区最小预测区面积圈定大小及方法依据

最小预测区编号	最小预测区名称	经度	纬度	面积(m²)	参数确定依据
A1508201001	沙麦钨矿	1165344.50	455749.13	65 191 260.63	依据 MRAS2.0 所形成的色块区与预测工作区底图重叠区域,并结合含矿地质体、已知矿床、矿(化)点、W 元素地球化学异常范围、遥感和重力解释的断裂构造
B1508201001	1022 高地	1165842.38	461537.47	20 498 255.12	
B1508201002	1022 高地南	1165949.13	461223.88	23 608 391.12	
B1508201003	高毕图西	1165632.63	460754.47	19 910 544.80	
B1508201004	翁图乌兰	1164733.50	460418.34	30 092 119.46	
B1508201005	满都拉图嘎查嘎查西	1165426.50	460316.47	20 405 753.46	
B1508201006	准沙麦布拉格	1164253.50	460029.59	49 128 443.37	
B1508201007	阿勃德仁图	1164744.38	455758.34	49 821 226.25	
B1508201008	沙麦苏木	1163910.88	455735.59	27 372 439.28	
B1508201009	1191 高地北西	1163744.63	455429.28	37 627 191.83	
B1508201010	准哈布特盖绍仁西	1162543.00	454650.91	12 825 595.56	
B1508201011	准哈塔布其	1161949.75	454353.03	20 048 352.74	
B1508201012	帅音北西	1162610.25	454327.31	17 458 374.16	
B1508201013	毛其布其日音乌拉	1164531.25	454346.25	29 326 190.30	
B1508201014	阿木古楞布拉格	1165021.25	454537.84	24 925 763.86	
C1508201001	霍尔其格嘎查北西	1165144.00	460823.66	24 784 680.49	
C1508201002	796 高地	1162502.63	460414.78	27 115 089.45	
C1508201003	阿木古楞布拉格西	1165125.63	454345.19	25 024 172.36	
C1508201004	乌素音查干	1164747.50	454128.00	12 342 643.38	
C1508201005	昂格尔北东	1174530.25	462916.91	10 187 806.76	

2)延深参数的确定及结果

预测工作区延深参数的确定是在研究最小预测区含矿地质体地质特征、岩体的形成深度、矿化蚀变、矿化类型的基础上,结合含矿地质体产状、区域厚度、地表是否出露并对比典型矿床特征的基础上综合确定的,部分由成矿带模型类比或专家估计给出。沙麦钨矿矿体产状近于直立,本次预测的延深参数采用垂直深度。根据模型区沙麦钨矿床钻孔控制最大垂深为383m,因此预测区的最大延深参数采用383m,各最小预测区的延深参数详见表3-11。

表3-11 沙麦钨矿预测工作区最小预测区延深圈定大小及方法依据

最小预测区编号	最小预测区名称	经度	纬度	延深(m)	参数确定依据
A1508201001	沙麦钨矿	1165344.50	455749.13	383	沙麦钨矿钻孔控制,深度采用383m
B1508201001	1022高地	1165842.38	461537.47	328	与沙麦钨矿区含矿岩系相同,深度采用328m
B1508201002	1022高地南	1165949.13	461223.88	328	与沙麦钨矿区含矿岩系相同,深度采用328m
B1508201003	高毕图西	1165632.63	460754.47	328	与沙麦钨矿区含矿岩系相同,深度采用328m
B1508201004	翁图乌兰	1164733.50	460418.34	328	与沙麦钨矿区含矿岩系相同,深度采用328m
B1508201005	满都拉图嘎查嘎查西	1165426.50	460316.47	328	与沙麦钨矿区含矿岩系相同,深度采用328m
B1508201006	准沙麦布拉格	1164253.50	460029.59	328	与沙麦钨矿区含矿岩系相同,深度采用328m
B1508201007	阿勃德仁图	1164744.38	455758.34	328	与沙麦钨矿区含矿岩系相同,深度采用328m
B1508201008	沙麦苏木	1163910.88	455735.59	328	与沙麦钨矿区含矿岩系相同,深度采用328m
B1508201009	1191高地北西	1163744.63	455429.28	328	与沙麦钨矿区含矿岩系相同,深度采用328m
B1508201010	准哈布特盖绍仁西	1162543.00	454650.91	328	与沙麦钨矿区含矿岩系相同,深度采用328m
B1508201011	准哈塔布其	1161949.75	454353.03	328	与沙麦钨矿区含矿岩系相同,深度采用328m
B1508201012	帅音北西	1162610.25	454327.31	328	与沙麦钨矿区含矿岩系相同,深度采用328m
B1508201013	毛其布其日音乌拉	1164531.25	454346.25	328	与沙麦钨矿区含矿岩系相同,深度采用328m
B1508201014	阿木古楞布拉格	1165021.25	454537.84	328	与沙麦钨矿区含矿岩系相同,深度采用328m
C1508201001	霍尔其格嘎查北西	1165144.00	460823.66	300	与沙麦钨矿处于同一成矿带,预测区有W元素地球化学异常,深度采用300m
C1508201002	796高地	1162502.63	460414.78	300	为沙麦钨矿含矿岩系的覆盖区,深度采用300m
C1508201003	阿木古楞布拉格西	1165125.63	454345.19	300	为沙麦钨矿含矿岩系的覆盖区,深度采用300m
C1508201004	乌素音查干	1164747.50	454128.00	300	为沙麦钨矿含矿岩系的覆盖区,深度采用300m
C1508201005	昂格尔北东	1174530.25	462916.91	300	为沙麦钨矿含矿岩系的覆盖区,深度采用300m

3)品位和体重的确定

预测工作区内除沙麦钨矿床外再无其他矿点,所以预测工作区内的所有最小预测区平均品位、体重均采用沙麦典型矿床资料,平均品位WO_3 0.423%,体重3.0t/m³。

4)相似系数的确定

沙麦钨矿预测工作区最小预测区相似系数的确定,主要依据最小预测区内含矿地质体本身出露的大小、地质构造发育程度、钨地球化学异常强度、矿化蚀变发育程度及矿(化)点的多少等因素,由专家确定。各最小预测区相似系数见表3-12。

表 3-12 沙麦钨矿预测工作区最小预测区相似系数表

最小预测区编号	最小预测区名称	相似系数	最小预测区编号	最小预测区名称	相似系数
A1508201001	沙麦钨矿	1.0	B1508201010	准哈布特盖绍仁西	0.2
B1508201001	1022高地	0.2	B1508201011	准哈塔布其	0.2
B1508201002	1022高地南	0.4	B1508201012	帅音北西	0.2
B1508201003	高毕图西	0.3	B1508201013	毛其布其日音乌拉	0.2
B1508201004	翁图乌兰	0.3	B1508201014	阿木古楞布拉格	0.4
B1508201005	满都拉图嘎查嘎查西	0.4	C1508201001	霍尔其格嘎查北西	0.1
B1508201006	准沙麦布拉格	0.4	C1508201002	796高地	0.1
B1508201007	阿勃德仁图	0.4	C1508201003	阿木古楞布拉格西	0.1
B1508201008	沙麦苏木	0.4	C1508201004	乌素音查干	0.1
B1508201009	1191高地北西	0.4	C1508201005	昂格尔北东	0.1

3. 最小预测区预测资源量估算结果

采用脉状矿床预测法,预测区预测资源量估算公式:

$$Z_{预} = S_{预} \times H_{预} \times K_s \times K \times \alpha$$

式中,$Z_{预}$为预测区预测资源量;$S_{预}$为预测区面积;$H_{预}$为预测区延深(指预测区含矿地质体延深);K_s为含矿地质体面积参数;K为模型区矿床的含矿系数;α为相似系数。

根据上述公式,求得最小预测区资源量。本次预测区预测资源总量为 97 679.10t,其中不包括预测区中沙麦钨矿床已查明资源量 26 236t,详见表 3-13。

表 3-13 沙麦钨矿预测工作区最小预测区预测资源量估算结果表

最小预测区编号	最小预测区名称	$S_{预}(m^2)$	$H_{预}$(m)	K_s	$K(t/m^3)$	α	探明资源量(t)	预测资源量(t)	资源量级别
A1508201001	沙麦钨矿	65 191 260.63	383	1	0.000 001 4	1.0	26 236	34 638.16	334-1
B1508201001	1022高地	20 498 255.12	328	1	0.000 001 4	0.2	—	1 882.56	334-3
B1508201002	1022高地南	23 608 391.12	328	1	0.000 001 4	0.4	—	4 336.39	334-3
B1508201003	高毕图西	19 910 544.80	328	1	0.000 001 2	0.3	—	2 742.88	334-3
B1508201004	翁图乌兰	30 092 119.46	328	1	0.000 001 4	0.3	—	4 145.49	334-3
B1508201005	满都拉图嘎查嘎查西	20 405 753.46	328	1	0.000 001 4	0.4	—	3 748.13	334-3
B1508201006	准沙麦布拉格	49 128 443.37	328	1	0.000 001 4	0.4	—	9 023.91	334-3
B1508201007	阿勃德仁图	49 821 226.25	328	1	0.000 001 4	0.4	—	9 151.16	334-3
B1508201008	沙麦苏木	27 372 439.28	328	1	0.000 001 4	0.4	—	5 027.77	334-3
B1508201009	1191高地北西	37 627 191.83	328	1	0.000 001 4	0.4	—	6 911.36	334-3
B1508201010	准哈布特盖绍仁西	12 825 595.56	328	1	0.000 001 4	0.2	—	1 177.90	334-3
B1508201011	准哈塔布其	20 048 352.74	328	1	0.000 001 4	0.2	—	1 841.24	334-3
B1508201012	帅音北西	17 458 374.16	328	1	0.000 001 4	0.2	—	1603.38	334-3
B1508201013	毛其布其日音乌拉	29 326 190.30	328	1	0.000 001 4	0.2	—	2 693.32	334-3
B1508201014	阿木古楞布拉格	24 925 763.86	328	1	0.000 001 4	0.4	—	4578.36	334-3
C1508201001	霍尔其格嘎查北西	24 784 680.49	300	1	0.000 001 4	0.1	—	1 040.96	334-3
C1508201002	796高地	27 115 089.45	300	1	0.000 001 4	0.1	—	1 138.83	334-3
C1508201003	阿木古楞布拉格西	25 024 172.36	300	1	0.000 001 4	0.1	—	1 051.02	334-3
C1508201004	乌素音查干	12 342 643.38	300	1	0.000 001 4	0.1	—	518.39	334-3
C1508201005	昂格尔北东	10 187 806.76	300	1	0.000 001 4	0.1	—	427.89	334-3
总计							26 236	97 679.10	

(四)预测工作区资源总量成果汇总

1. 按精度

沙麦式侵入岩体型钨矿预测工作区地质体积法预测资源量,依据资源量级别划分标准,可划分为334-1和334-3两个资源量精度级别,各级别资源量见表3-14。

表3-14 沙麦式侵入岩体型钨矿预测工作区预测资源量精度统计表　　　　单位:t

预测工作区编号	预测工作区名称	精度		
		334-1	334-2	334-3
1508201	沙麦式侵入岩体型钨矿预测工作区	34 638.16	—	63 040.94

2. 按延深

沙麦式侵入岩体型钨矿预测工作区中,根据各最小预测区内含矿地质体(地层、侵入岩及构造)特征,预测深度在300～1 000m之间,其资源量按预测深度统计结果见表3-15。

表3-15 沙麦式侵入岩体型钨矿预测工作区预测资源量深度统计表　　　　单位:t

预测工作区编号	预测工作区名称	500m以浅			1 000m以浅		
		334-1	334-2	334-3	334-1	334-2	334-3
1508201	沙麦式侵入岩体型钨矿预测工作区	34 638.16	—	63 040.94	34 638.16	—	63 040.94
		总计:97 679.10			总计:97 679.10		

3. 按矿产预测类型

沙麦式侵入岩体型钨矿预测工作区中,其矿产预测方法为脉状矿床预测法,预测类型为沙麦式侵入岩体型,其资源量统计结果见表3-16。

表3-16 沙麦式侵入岩体型钨矿预测工作区预测资源量矿产类型精度统计表　　　　单位:t

预测工作区编号	预测工作区名称	侵入岩体型		
		334-1	334-2	334-3
1508201	沙麦式侵入岩体型钨矿预测工作区	34 638.16	—	63 040.49
		总计:97 679.10		

4. 按可利用性类别

可利用性类别的划分,主要依据如下。

(1)深度可利用性(500m、1 000m、1 200m):经专家确定为1 000m。
(2)当前开采经济条件可利用性:在1 000m以浅均可利用。
(3)矿石可选性:矿石工业类型按有用元素组合划分为钨矿石、富钨矿石和贫钨矿石;矿石自然类型按矿石构造分为块状矿石、脉状矿石、网脉状矿石、浸染状矿石、角砾状矿石;按赋矿岩石分为含钨石英脉矿石和云英岩矿石及云英岩化花岗岩矿石等。

矿石金属矿物以黑钨矿为主,其次为白钨矿、黄铁矿、黄铜矿,少量斑铜矿、方铅矿等。

从选矿工艺及矿山生产运转情况分析,矿石属易选矿石,采用重选工艺流程取得了较好的选矿指标,获得了较好的经济效果。

(4)外部交通水电环境可利用性:预测区的外部交通、水电环境均较好。

综合上述4个方面,预测区资源量均为可利用的预测资源量(表3-17)。

表3-17 沙麦式侵入岩体型钨矿预测工作区预测资源量可利用性统计表 单位:t

预测工作区编号	预测工作区名称	可利用		
		334-1	334-2	334-3
1508201	沙麦式侵入岩体型钨矿预测工作区	34 638.16	—	63 040.94
		总计:97 679.10		

5. 按可信度统计分析

沙麦式侵入岩体型钨矿预测工作区预测资源量可信度统计结果见表3-18。预测资源量可信度估计概率大于或等于0.75的有34 638.16t,大于或等于0.50的有34 638.16t,大于或等于0.25的有93 502.01t。可信度统计平均为0.539。

表3-18 沙麦式侵入岩体型钨矿预测工作区预测资源量可信度统计表 单位:t

预测工作区编号	预测工作区名称	≥0.75			≥0.50			≥0.25		
		334-1	334-2	334-3	334-1	334-2	334-3	334-1	334-2	334-3
1508201	沙麦式侵入岩体型钨矿预测工作区	34 638.16	—		34 638.16	—				93 502.01

6. 按级别分类统计

依据最小预测区地质矿产、物探及遥感异常等综合特征,并结合资源量估算和预测工作区优选结果,将最小预测区划分为A级、B级和C级3个等级,其预测资源量分别为34 638.16t、58 863.85t和4 177.08t。详见表3-19。

表3-19 沙麦式侵入岩体型钨矿预测工作区预测资源量级别分类统计表 单位:t

预测工作区编号	预测工作区名称	级别		
		A级	B级	C级
1508201	沙麦式侵入岩体型钨矿预测工作区	34 638.16	58 863.85	4 177.08
		总计:97 679.10		

第四章 白石头洼式侵入岩体型钨矿预测成果

内蒙古自治区太仆寺旗白石头洼式侵入岩体型钨矿预测工作区在内蒙古自治区锡林郭勒盟太仆寺旗、镶黄旗和乌兰察布市商都县、化德县境内,地处阴山北麓,浑善达克沙地南缘。属中温带半干旱大陆性气候,年均气温1.6℃,年日照时数2 937h。经济形式主要以农业为主,农作物有小麦、莜麦、胡麻等。国道G207(锡林浩特—广东海安)贯穿南北,乡村路四通八达。居民多为蒙古族、汉族、满族、回族、达斡尔族、朝鲜族等。

第一节 典型矿床特征

一、典型矿床及成矿模式

内蒙古自治区太仆寺旗白石头洼式侵入岩体型钨矿位于万寿滩乡白石头洼村,地理坐标:东经115°10′05″,北纬41°57′50″。钨金属量22 179t,平均品位 WO_3 0.314%,体重2.70t/m³。

(一)典型矿床特征

1. 矿区地质

矿区出露地层简单,除大面积为全新统洪冲积物外,均为青白口系白云鄂博群呼吉尔图组。根据岩性组合,呼吉尔图组划分为3个岩性段,二段、三段为本区脉状钨矿床的主要围岩。区内岩浆岩主要出露有晚侏罗世花岗岩类,脉岩有含矿石英脉、伟晶岩脉等(图4-1)。

与钨矿有关的地层为青白口系白云鄂博群呼吉尔图组,分为3个岩性段。三段岩性为银灰色云母石英片岩与石英云母片岩互层夹石榴石云母片岩及变质长石砂岩,属泥质砂岩建造;二段岩性为灰白色中厚层石英透辉岩,含石英透辉透闪岩与薄层状细粒石英透辉岩互层,偶见大理岩,属碳酸盐岩建造;一段岩性为变质粉细砂岩夹石英岩、大理岩、结晶灰岩,属硅质碳酸盐粉细砂岩建造。

与钨矿有关的侵入岩主要为晚侏罗世二长花岗岩及花岗斑岩。

二长花岗岩:浅灰色,中粗粒花岗结构,块状构造,主要由钾长石(30%)、斜长石(35%)、石英(25%)、黑云母(5%)、角闪石(5%)组成, SiO_2 含量68.59%~72.04%, Na_2O 含量3.20%~3.60%, K_2O 含量3.9%~4.95%, $Na_2O<K_2O$,A/CNK为0.83~0.99,属偏铝质钾质碱性系列岩石类型。

花岗斑岩:肉红色,斑状结构,块状构造。斑晶:粒径1~5mm,钾长石10%~15%,斜长石5%~10%,石英5%。基质:粒径小于0.1mm,钾长石65%,斜长石5%~10%,石英20%~25%。 SiO_2 含量为76.62%, Na_2O 含量为1.84%, K_2O 含量为5.12%, $Na_2O<K_2O$,A/CNK为1.4,属过铝质碱性系列岩石类型。

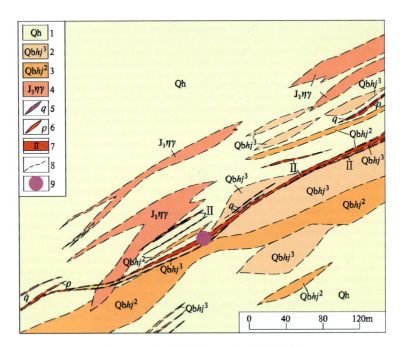

图 4-1 白石头洼钨矿床矿区地质简图
1. 全新统洪冲积物；2. 青白口系呼吉尔图组三段；3. 青白口系呼吉尔图组二段；4. 晚侏罗世二长花岗岩；5. 含矿石英脉；6. 伟晶岩脉；7. 矿脉；8. 推测地质界线；9. 钨矿床位置

脉岩为石英脉（含矿）、伟晶岩脉及闪长岩脉。

矿区主体构造为一复式向斜构造（由几个次一级的背斜、向斜组成，二号矿脉就产于次一级背斜核部），轴面走向北北东，复向斜向东倾伏，倾角 20°～25°，复向斜控制着矿体的空间展布。断裂构造以层间断裂为主，主要发育在向斜的中心部位，是主要的控矿构造。

2. 矿床特征

青白口系白云鄂博群呼吉尔图组二段变质钙镁硅酸岩-碳酸盐类岩石和三段云母片岩组合为钨矿床的主要围岩。

矿区内钨矿化体多呈脉状，主要的控矿构造为复式向斜之次一级背斜核部层间断裂，矿体总体走向 NE50°～70°，倾向北西，倾角 75°～80°（图 4-2）。

3. 矿石特征

钨矿石自然类型：黑钨矿-石英脉型、硫化物-黑钨矿-石英脉型、硫化物-石英脉型。矿石的矿物成分主要有黑钨矿（WO_3 0.79%）、白钨矿（微量）、钨华（0.022%）。平均品位 WO_3 0.314%。

4. 矿石结构构造

矿石的结构类型有半自形粒状结构、自形粒状结构、他形粒状结构、交代结构及固溶体分解结构。

矿石的构造有块状构造、浸染状构造、肠状构造、晶洞构造、角砾状构造、放射针柱状构造及条带状构造。

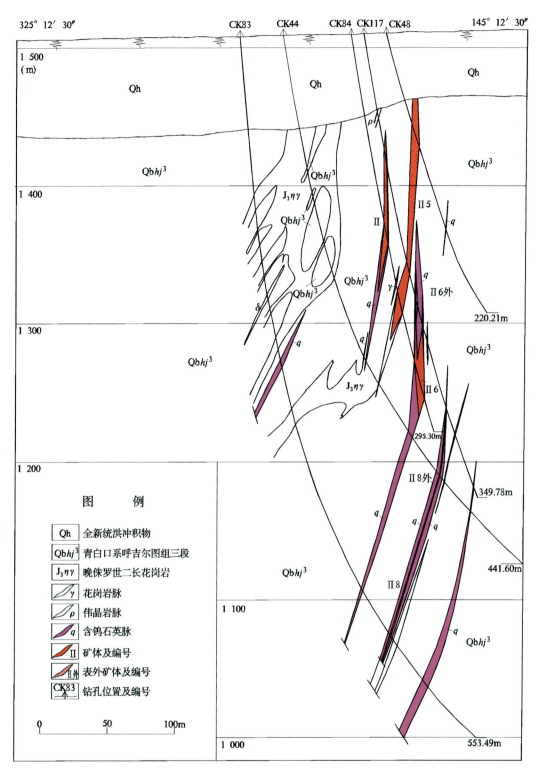

图 4-2 白石头洼钨矿 24 勘探线地质剖面图

5. 围岩蚀变

围岩蚀变有硅化、云英岩化、黄铁矿化、绢云母化、绿泥石化等。

6. 矿床成因及成矿时代

矿床成因:为中低温热液裂隙充填型矿床。

成矿时代:晚侏罗世。

(二)矿床成矿模式

白石头洼钨矿床是位于阴山北麓东端的典型黑钨矿-石英脉型矿床,钨矿化点主要位于青白口系白云鄂博群呼吉尔图组二段变质钙镁硅酸岩-碳酸盐类岩石和三段云母片岩的含钨石英脉中。晚侏罗世二长花岗岩及花岗斑岩与成矿关系密切。

断裂、节理、裂隙构造对矿液的运移和富集起着主要的作用,而成矿后的断裂构造对矿体亦有破坏作用。

通过对上述特点的分析与归纳,白石头洼钨矿床的成矿模式如图4-3所示。

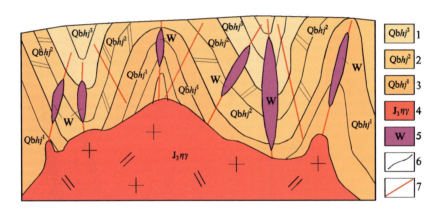

图4-3 白石头洼钨矿床成矿模式示意图

1. 白云鄂博群呼吉尔图组三段;2. 白云鄂博群呼吉尔图组二段;3. 白云鄂博群呼吉尔图组一段;4. 晚侏罗世二长花岗岩;5. 钨矿脉;6. 地质界线;7. 断层

二、典型矿床地球物理特征

1. 重力特征

白石头洼钨矿位于布格重力异常北东向重力梯级带上,Δg 为 $(-168\sim-164)\times10^{-5}$ m/s²,其东侧为相对低值带状区。在剩余重力异常图上,白石头洼钨矿处在正、负重力异常之间的零值线附近,东侧和南侧分别为 L 蒙-468 号和 L 蒙-467 号负异常区,剩余重力异常分别为 -12.59×10^{-5} m/s² 和 -7.86×10^{-5} m/s²,北侧是约为 8×10^{-5} m/s² 的北东向剩余重力正异常带。参考地质资料,东侧和南侧的负异常区推断为花岗岩引起;北侧剩余重力正异常推断为古生代地层。由区域剩余重力异常特征可以推断,白石头洼周边存在较多的北东向、北西向断裂,而白石头洼钨矿正好处在近东西向临河-集宁大断裂附近(图4-4)。

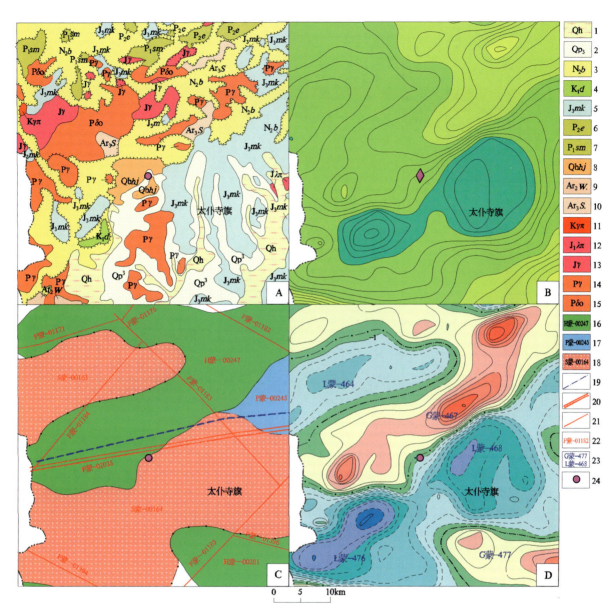

图 4-4 白石头洼典型矿床区域地质矿产及重力异常图

A. 地质矿产图；B. 布格重力异常图；C. 重力推断地质构造图；D. 剩余重力异常图；1. 全新统砂砾石；2. 上更新统洪冲积物；3. 上新统宝格达乌拉组；4. 下白垩统大磨拐河组；5. 上侏罗统满克头鄂博组；6. 下二叠统额里图组；7. 下二叠统三面井组；8. 青白口系呼吉尔图组；9. 中太古界乌拉山岩群；10. 新太古界色尔腾山岩群；11. 早白垩世花岗斑岩；12. 晚侏罗世流纹斑岩；13. 侏罗纪花岗岩；14. 二叠纪花岗岩；15. 二叠纪石英闪长岩；16. 推断古生代地层及编号；17. 推断盆地及编号；18. 推断酸性—中酸性侵入岩及编号；19. 一级构造单元界线；20. 推断一级断裂；21. 推断三级断裂；22. 断裂编号；23. 剩余异常编号；24. 矿点位置

2. 航磁特征

据 1∶5 万航磁化极等值线平面图显示，矿点处在正负磁场变化梯度带上，正异常呈条带形，极值达 100nT（图 4-5）。

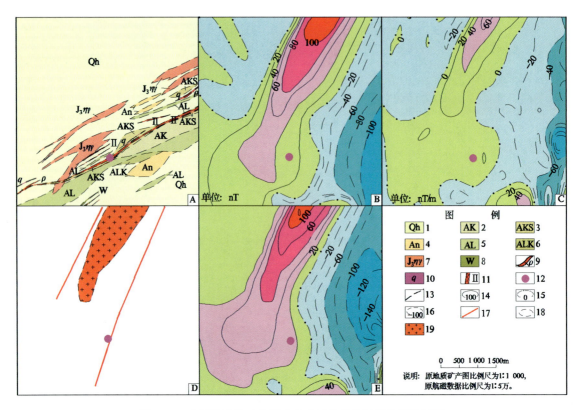

图4-5 白石头洼钨矿典型矿床矿区航磁化极等值线平面图

A.地质矿产图;B.航磁ΔT平面图;C.航磁ΔT化极垂向一阶导数等值线平面图;D.推断地质构造图;E.航磁ΔT化极等值线平面图;1.全新统冲洪积砂、砾石;2.云母石英片岩;3.硅化云母石英岩;4.石榴石云母片麻岩;5.透辉石岩;6.透辉石云母岩;7.二长花岗岩;8.云英斜煌岩;9.伟晶岩脉;10.含钨石英脉;11.矿体;12.矿点位置;13.推测地质界线;14.航磁正等值线及注记;15.航磁零等值线及注记;16.航磁负等值线及注记;17.磁法推断三级断裂;18.磁法推断隐伏岩体边界;19.磁法推断酸性侵入岩体

三、地球化学特征

据1∶20万区域地球化学测量,白石头洼式与花岗岩有关的脉状钨矿矿区出现了以W元素为主,伴有Cu、Pb、Zn等元素组成的综合异常,W元素异常强度最高,规模大,浓集中心明显,Pb、Zn含量较高(图4-6)。

四、矿床预测模型

根据典型矿床成矿要素和地球物理、地球化学、遥感、自然重砂特征,典型矿床预测要素见表4-1。

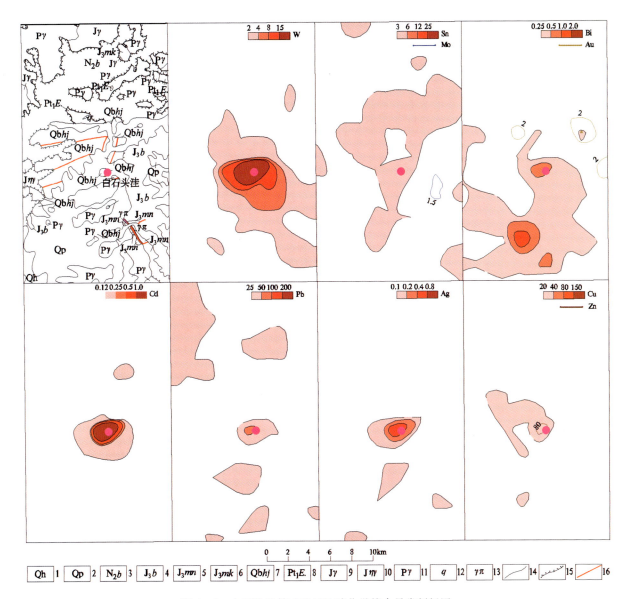

图 4-6 白石头洼钨矿矿区地球化学综合异常剖析图

1. 全新统砂砾石；2. 更新统洪冲积物；3. 上新统宝格达乌拉组；4. 上侏罗统白音高老组；5. 上侏罗统玛尼吐组；6. 上侏罗统满克头鄂博组；7. 青白口系呼吉尔图组；8. 古元界二道凹岩群；9. 侏罗纪花岗岩；10. 侏罗纪二长花岗岩；11. 二叠纪花岗岩；12. 石英脉；13. 花岗斑岩脉；14. 地质界线；15. 角度不整合界线；16. 断层

表 4-1 白石头洼式侵入岩体型钨典型矿床矿预测要素表

预测要素	描述内容				要素分类
	储量	22 179t	平均品位	WO_3 0.314%	
	特征描述	中低温热液型黑钨矿矿床			
地质环境	构造背景	华北陆块区（Ⅱ）狼山-阴山陆块（Ⅱ-4）狼山-白云鄂博裂谷（Ⅱ-4-3）（Pt_2）			重要
	成矿环境	华北成矿省（Ⅱ-14）华北陆块北缘西段金、铁、铌、稀土、铜、铅、锌、银、镍、铂、钨、石墨、白云母成矿带（Ⅲ-11）白云鄂博-商都金、铁、铌、稀土、铜、镍成矿亚带（Ⅲ-11-①）（Ar_3、Pt、V、Y）头沟地-郝家沟铁、金、银、萤石矿集区（Ⅴ-120）			重要
	成矿时代	燕山期（晚侏罗世）			必要

续表 4-1

预测要素		描述内容				要素分类
	储量	22 179t	平均品位		WO_3 0.314%	
	特征描述	中低温热液型黑钨矿矿床				
矿床特征	矿体形态	矿体呈脉状、楔状				重要
	岩石类型	晚侏罗世二长花岗岩及花岗斑岩				次要
	岩石结构	花岗结构、斑状结构				次要
	矿物组合	金属矿物以黑钨矿为主,其次有黄铁矿、黄铜矿、铁闪锌矿、方铅矿及少量的磁黄铁矿、毒砂、磁铁矿、赤铁矿等;非金属矿物以石英为主,萤石、白云母、方解石次之				重要
	结构构造	结构:半自形—自形粒状结构、他形晶粒状结构、交代结构。构造:块状构造、浸染状构造、晶洞构造、条带状构造				次要
	蚀变特征	硅化、云英岩化、黄铁矿化、绢云母化、绿泥石化等				重要
	控矿条件	钨矿产于次一级背斜核部,轴面走向北北东,复向斜向东侧伏,倾角20°～25°,复向斜控制着矿体的空间展布。断裂构造以层间断裂为主,发育在向斜中心部位,是主要的控矿构造				重要
地球物理特征	重力异常	白石头洼钨矿位于布格重力异常北东向重力梯级带上,Δg为$(-168～-164)\times 10^{-5} m/s^2$,其东侧为相对低值带状区。在剩余重力异常图上,白石头洼钨矿处在正、负重力异常之间的零值线附近,东侧和南侧分别为L蒙-468号和L蒙-467号负异常区,剩余重力异常分别为$-12.59\times 10^{-5} m/s^2$和$-7.86\times 10^{-5} m/s^2$,北侧是约为$8\times 10^{-5} m/s^2$的北东向剩余重力正异常带				重要
	磁法异常	据1:5万航磁化极等值线平面图,矿点处在正负磁场变化梯度带上,正异常呈条带形,极值达100nT				重要
地球化学特征		以W元素为主,伴有Cu、Pb、Zn等元素组成的综合异常,W元素异常强度最高,规模大,浓集中心明显,Pb、Zn含量较高				重要

第二节 预测工作区研究

内蒙古自治区太仆寺旗白石头洼式侵入岩体型钨矿预测工作区位于东经112°30′00″—117°00′00″,北纬41°30′00″—43°00′00″,预测区底图比例尺为1:25万。行政区划属锡林郭勒盟太仆寺旗、镶黄旗和乌兰察布市商都县、化德县。

大地构造位置跨华北陆块区(Ⅱ)狼山-阴山陆块(Ⅱ-4)狼山-白云鄂博裂谷(Ⅱ-4-3)和天山-兴蒙构造系(Ⅰ)包尔汉图-温都尔庙弧盆系(I-8)(Pz_2)温都尔庙俯冲增生杂岩带(I-8-2)(Pt_2—P)(图2-1)。

成矿区带属华北成矿省(Ⅱ-14)华北陆块北缘西段金、铁、铌、稀土、铜、铅、锌、银、镍、铂、钨、石墨、白云母成矿带(Ⅲ-11),跨白云鄂博-商都金、铁、铌、稀土、铜、镍成矿亚带(Ⅲ-11-①)(Ar_3、Pt、V、Y)头沟地-郝家沟铁、金、银、萤石矿集区(V-120)、温都尔庙-红格尔庙铁、金、钼成矿亚带(Ⅲ-7-⑤)(Pt、V、Y),白乃庙-哈达庙铜、金、萤石成矿亚带(Ⅲ-7-⑥)(Pt、V、Y),突泉-翁牛特铅、锌、银、铜、铁、锡、稀土成矿带(Ⅲ-8)卯都房子-毫义哈达钨、铅、锌、铬、萤石成矿亚带(Ⅲ-8-③)(V、Y),毫义哈达-毛汰山钨、金矿集区(V-93)及内蒙古隆起东段铁、铜、钼、铅、锌、金、银成矿亚带(Ⅲ-10-①)(Ar、Y)(图2-2)。

一、区域地质特征

1. 成矿地质背景

预测工作区地层从新到老有全新统风积粉细砂,上更新统风积粉砂质黄土、洪冲积砂砾石、粗砂,上新统宝格达乌拉组砖红色砂质泥岩、砂岩、砂砾岩;上侏罗统满克头鄂博组酸性火山熔岩、酸性火山碎屑岩、火山碎屑沉积岩;下二叠统额里图组杂色砂岩、粉砂岩、粉砂质页岩、火山碎屑岩、安山岩及青白口系白云鄂博群呼吉尔图组。

与钨矿有关的是呼吉尔图组,根据岩性分为3个岩性段。

呼吉尔图组三段:银灰色云母石英片岩与石英云母片岩互层夹石榴石云母片岩及变质长石砂岩,属泥质砂岩建造。

呼吉尔图组二段:灰白色中厚层石英透辉岩,含石英透辉透闪岩与薄层状细粒石英透辉岩互层,偶见大理岩,属碳酸盐岩建造。

呼吉尔图组一段:岩性为变质粉细砂岩夹石英岩、大理岩、结晶灰岩,属硅质碳酸盐粉细砂岩建造。

预测工作区内侵入岩主要为燕山期侵入岩,主要岩石类型有肉红色花岗斑岩、肉红色似斑状花岗岩、肉红色中粗粒花岗岩、浅灰色碱长花岗岩、肉红色中粗粒二长花岗岩、浅灰色中粒花岗闪长岩、灰绿色细粒石英闪长岩等。与钨矿床有关的主要为二长花岗岩,是提供矿质来源的深部矿源层或直接矿源层。

矿区主体构造为一复式向斜构造(由几个次一级的背斜、向斜组成,二号矿脉就产于次一级背斜核部),轴面走向北北东,复向斜向东倾伏,倾角20°~25°,复向斜控制着矿体的空间展布。断裂构造以层间断裂为主,主要发育在向斜的中心部位,是主要的控矿构造。

对北东向断层及在形成发展过程中产生的次一级断裂,并利用重力及遥感解译出的北东向的断层,确定缓冲区1km。

2. 区域成矿模式

白石头洼式侵入岩体型钨矿预测工作区大地构造位置跨华北陆块区狼山-阴山陆块狼山-白云鄂博裂谷和天山-兴蒙构造系包尔汉图-温都尔庙弧盆系温都尔庙俯冲增生杂岩带。成矿区带属华北成矿省华北陆块北缘西段成矿带,跨白云鄂博-商都成矿亚带头沟地-郝家沟矿集区、温都尔庙-红格尔庙成矿亚带白乃庙-哈达庙矿亚带、突泉-翁牛特成矿带卯都房子-毫义哈达成矿亚带毫义哈达-毛汰山矿集区及内蒙古隆起东段成矿亚带。

区内出露地层主要有第四系、新近系、白垩系、侏罗系、二叠系、白云鄂博群及太古宇乌拉山岩群等。与成矿有关的地层为白云鄂博岩群呼吉尔图组;与成矿有关的侵入岩主要为晚侏罗世二长花岗岩及花岗斑岩。区内构造线方向以北北东向、北东向为主,北西向及近东西向次之。

区域上已发现的矿床有白石头洼钨矿床、卯都房子钨矿床、毫义哈达钨矿床、灰热哈达钨矿床和三胜村钨矿床等。预测工作区成矿要素见表4-2。

二、区域地球物理特征

1. 重力特征

预测工作区位于宝音图-白云鄂博-商都重力低值带的东端,布格重力异常值在$(-180 \sim -117) \times 10^{-5} \mathrm{m/s^2}$之间,呈现北高南低的特点,预测工作区北部、中部有明显的北东向、北东东向梯级带。剩余重力正、负异常多呈北东东向或北西向带状分布,并相间排列,正重力异常极值 $9.42×10^{-5}\,\text{m/s}^2$,负重力异常极值 $-10.5×10^{-5}\,\text{m/s}^2$。

表 4-2 白石头洼式侵入岩体型钨矿预测工作区成矿要素表

区域成矿要素		描述内容	要素类别
地质环境	大地构造位置	华北陆块区(Ⅱ)狼山-阴山陆块(Ⅱ-4)狼山-白云鄂博裂谷(Ⅱ-4-3)(Pt$_2$)和天山-兴蒙构造系(Ⅰ)包尔汉图-温都尔庙弧盆系(Ⅰ-8)(Pz$_2$)温都尔庙俯冲增生杂岩带(Ⅰ-8-2)(Pt$_2$—P)	必要
	成矿区带	华北成矿省(Ⅲ-14)华北陆块北缘西段金、铁、铌、稀土、铜、铅、锌、银、镍、铂、钨、石墨、白云母成矿带(Ⅲ-11)白云鄂博-商都金、铁、铌、稀土、铜、镍成矿亚带(Ⅲ-11-①)(Ar$_3$、Pt、V、Y)头沟地-郝家沟铁、金、银、萤石矿集区(V-120)和突泉-翁牛特铅、锌、银、铜、铁、锡、稀土成矿带(Ⅲ-8)卯都房子-毫义哈达钨、铅、锌、铬、萤石成矿亚带(Ⅲ-8-③)(V、Y)毫义哈达-毛汰山钨、金矿集区(V-93)	必要
	区域成矿类型及成矿期	与燕山晚期侵入岩有关的高温热液脉型钨矿床;成矿期为燕山晚期	必要
控矿地质条件	赋矿地质体	含钨石英脉	必要
	控矿侵入岩	晚侏罗世二长花岗岩、花岗斑岩	必要
	主要控矿构造	北东东向、北东向断裂构造	必要
地球物理特征	重力特征	布格重力异常值在 $(-180\sim-117)×10^{-5}\,\text{m/s}^2$ 之间,呈现北高南低的特点,预测工作区北部、中部有明显的北东向、北东东向梯级带。预测工作区内剩余重力异常,正、负异常多呈北东东向或北东向带状分布,并相间排列	次要
	航磁特征	据 1:5 万航磁化极等值线平面图,矿点处在正负磁场变化梯度带上,正异常呈条带形,极值达 100nT	次要
地球化学特征		预测工作区主要分布有 Au、As、Sb、Cu、Pb、Ag、Cd、W 等元素异常,异常主要分布在预测工作区南部,W 元素浓集中心明显,异常强度高,浓集中心呈东西向展布	必要
遥感解译		层间断裂,是主要的控矿构造	次要
区内相同类型矿产		卯都房子钨矿、毫义哈达钨矿、灰热哈达钨矿和三胜村钨矿	重要

依据地质资料可知,预测工作区内二叠系、石炭系分布广泛,构造发育明显。南西部局部出露元古宇、太古宇,推断剩余重力正异常为其所引起。预测工作区东部北东东向条带状剩余重力正异常所在区域地表局部出露二叠系,推断为古生代地层。西部两条北东向等轴状布格重力高异常区域,且剩余重力正异常较高,地表为第四系覆盖,有航磁异常,推断为基性岩体。而南部条带状或面状剩余重力负异常,有二叠纪、侏罗纪花岗岩出露,推断为酸性侵入岩。而其余大部分局部剩余重力低异常区、剩余重力负异常区,呈北东向、北东东向带状或面状分布,多被第四系覆盖,可推断为中生代、新生代盆地区域。预测工作区断裂构造丰富,具有发育明显走向的线性梯级带、串珠线性异常、台阶状线性异常以及其被明显错断或扭曲等重力异常特征,并结合地质资料可以推断有 2 条一级断裂呈近东西向穿过预测工作区中部和南侧,分别为温都尔庙-西拉木伦河断裂、临河-集宁断裂。

白石头洼式与花岗岩有关的脉状钨矿位于预测工作区南部二叠纪地层与花岗岩附近,处于重力低异常带或重力梯级带上,断裂构造以及层间断裂发育,是钨矿的主要控矿构造。

预测工作区截取 2 条剖面进行 2D 重力剖面反演,岩体最大延深约为 7.5km。

预测工作区推断解释断裂构造 151 条,中—酸性岩体 12 个,地层单元 31 个,中—新生代盆地 21 个。

2. 航磁特征

1:50 万航磁化极等值线平面图显示,磁场总体表现为低缓的正磁场,异常特征不明显。

在1∶25万航磁 ΔT 等值线平面图上预测工作区磁异常幅值范围为−600～1 000nT，背景值为−100～100nT，预测工作区北西部以大面积不规则的正异常为主，南西部分布着北西向的条带状异常，中东部分布着许多不规则的椭圆状或带状高值异常，正负相间，轴向为北东向。白石头洼式钨矿位于预测工作区中南部，磁场背景为平缓负磁异常区，−100nT 等值线附近（图4-7）。

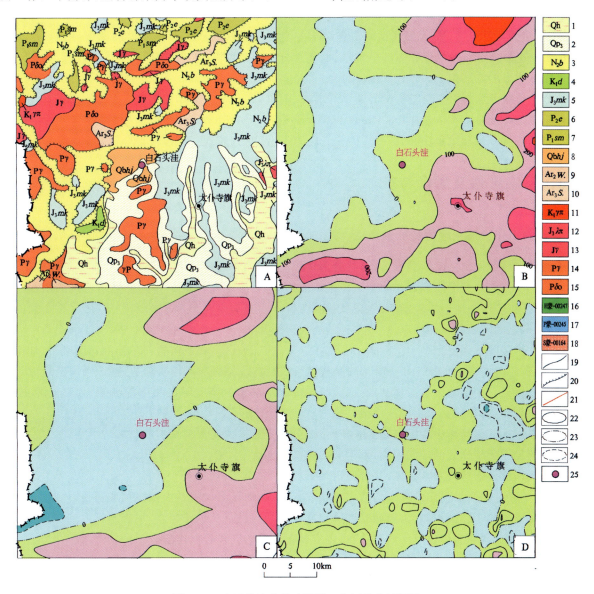

图4-7 白石头洼式钨矿预测工作区航磁剖析图

A. 地质矿产图；B. 航磁 ΔT 化极等值线平面图；C. 航磁 ΔT 等值线平面图；D. 航磁 ΔT 化极垂向一阶导数等值线平面图；1. 全新统砂砾石；2. 上更新统洪冲积物；3. 上新统宝格达乌拉组；4. 下白垩统大磨拐河组；5. 上侏罗统满克头鄂博组；6. 中二叠统额里图组；7. 下二叠统三面井组；8. 青白口系呼吉尔图组；9. 中太古界乌拉山岩群；10. 新太古界色尔腾山岩群；11. 早白垩世花岗斑岩；12. 晚侏罗世流纹斑岩；13. 侏罗纪花岗岩；14. 二叠纪花岗岩；15. 二叠纪石英闪长岩；16. 推断古生代地层；17. 推断盆地；18. 推断酸性—中酸性侵入岩；19. 地质界线；20. 角度不整合界线；21. 断层；22. 正异常等值线；23. 零等值线；24. 负异常等值线；25. 矿点位置

三、区域地球化学特征

区域上分布有 Au、Ag、W、As、Sb 等元素组成的高背景区带，在高背景区带中有以 Au、Ag、W、As、Sb 为主的多元素局部异常。预测工作区内共有75个 W 异常，50个 Ag 异常，45个 As 异常，102个 Au

异常,60 个 Cd 异常,32 个 Cu 异常,42 个 Mo 异常,47 个 Pb 异常,49 个 Sb 异常,33 个 Zn 异常。

预测工作区 Ag、As、Sb 元素呈背景、高背景分布,在镶黄旗—朱日和镇一带存在 Ag、As、Sb 的高背景区,具明显的浓度分带和浓集中心;Au 元素在预测工作区多呈背景、低背景分布,在苏尼特右旗附近呈高背景分布,查干察布—都仁乌力吉苏木地区存在一条北东向的浓度分带,具明显的浓集中心;Cd、Cu、Mo、Zn 元素在预测工作区西部呈低背景分布,在预测工作区中部和东部多呈背景、低背景分布,存在零星的局部异常;W 元素在预测工作区多呈背景、高背景分布,存在明显的浓度分带和浓集中心;Pb 元素在预测工作区西部和中部呈背景、低背景分布,在预测工作区东部呈高背景分布,在白石头洼附近存在明显的浓集中心。

预测工作区元素异常套合较好的异常编号有 AS1 和 AS2,AS1 的异常元素有 W、Pb、Ag、Cd,W 元素具有明显的浓度分带和浓集中心;AS2 的异常元素有 W、Cu、Pb、Ag、Cd,分布于白石头洼地区,W 元素具明显的浓度分带和浓集中心,Cu、Pb、Ag、Cd 呈同心环状分布,与 W 异常套合较好。

四、遥感影像及解译特征

1. 预测工作区遥感地质特征解译

预测工作区解译出巨型断裂带 2 条,共分为 7 段,分别为华北陆块北缘断裂带和温都尔庙-西拉木伦断裂带。华北陆块北缘断裂带在预测工作区南部边缘,贯穿整个预测工作区。显示明显的东西向延伸特点,线性构造两侧地层体较复杂。温都尔庙-西拉木伦断裂带在预测工作区中部,贯穿整个预测工作区,显示明显的东西向延伸特点。

预测工作区共解译出大型构造 7 条,共分为 13 段,西部地区主要有阿鲁科尔沁旗深断裂带、瑙干宝拉格-那日廷敖包构造、地房子-好来哈布其勒构造、巴拉嘎森高勒-准阿达嘎构造,这 3 条构造组成近四边形的构造格架。中部地区有新林-白音特拉断裂带。东部地区则有阿巴嘎旗深断裂、大兴安岭主脊-林西深断裂带相交,形成交叉型构造格架。

预测工作区共解译出中小型构造 328 条,主要分布于近东西向大型构造断裂形成的层间区域内,而白石头洼钨矿预测工作区的层间断裂,是主要的控矿构造。

预测工作区环形构造非常密集,共解译出环形构造 26 个,其成因类型为中生代花岗岩类引起的环形构造、古生代花岗岩类引起的环形构造、与隐伏岩体有关的环形构造及火山机构或通道。一处较大环形构造分布于预测工作区南侧,为海西晚期第二次侵入的灰白色二长花岗岩,呈岩基侵入到白云鄂博群中,海西晚期其他侵入岩体也有小面积分布;还有规模不等的闪长岩脉出露。

预测工作区显示为带状影像特征的是白云鄂博群呼吉尔图组,根据岩性该组划分为 3 个岩性段:一段为一套变质砂泥质不等厚互层的细粉砂岩;二段为一套变质钙镁硅酸岩-碳酸盐岩类岩石;三段为一套银灰色云母石英片岩及石英云母片岩,间夹富铝矿物石英片岩和各种云母片岩的岩性组合。二段、三段为本区脉钨矿床的主要围岩。

2. 预测工作区遥感异常分布特征

预测工作区的羟基异常不发育,主要分布在西部及中部地区,西部地区有部分小块状异常集中在温都尔庙-西拉木伦断裂带上,其余地区零星分布。铁染异常主要小片状分布在西部偏北地区及中部偏北地区,其余地区有零星分布。

中部地区的巴彦塔拉苏木,钨矿与周边羟基异常信息套合程度很高,该矿点所在岩体有密集的呈条带状分布的块状异常,与该岩体纹理走向相一致,矿点处在山体边缘部,异常带的北西部,有较好的指示作用(图 4-8)。

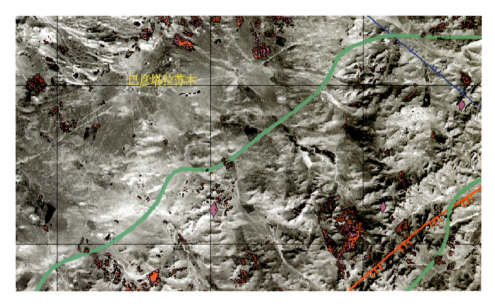

图 4-8　白石头洼钨矿所在区域遥感羟基异常分布图(部分)

西南地区的二道河乡沙拉哈达钨矿与周边铁染异常信息套合程度较高,该异常带处于岩体间的褶皱处,与岩体纹理走向相一致,异常信息的表现与周围地层对比较强,有较好的指示作用。中部地区哈彦海日瓦苏木灰热哈达钨矿与矿区周边羟基异常有一定套合关系,该矿点处在岩体的顶部,周边伴有不规则异常围绕,有较好的指示作用(图 4-9)。

图 4-9　白石头洼钨矿所在区域遥感铁染异常分布图(部分)

3. 遥感矿产预测分析

综合遥感解译特征,白石头洼式与花岗岩有关的脉状钨矿预测工作区共圈定出3个最小预测区。

(1)宝格达音高勒苏木最小预测区:华北陆块北缘断裂带通过该区,并于区内与小型构造相交,区域内异常信息较分散无规则,二道河乡秋灵沟钨矿、二道河乡沙拉哈达钨矿位于区域中。

(2)六支箭乡最小预测区:新林-白音特拉断裂带通过该区,若干小型构造在区域内相交,遥感异常信息呈条带状且比较密集分布于该区北部,该区域位于含矿地层中,黄花乌拉乡毫义哈达钨矿位于该区域内。

(3)五面井北最小预测区:若干小型构造在该区内相交错断,环形构造在区域边缘有印迹,位于含矿地层中,白石头洼钨矿位于该区域内。

五、区域预测模型

根据典型矿床的研究,结合大地构造环境、主要控矿因素、成矿作用特征等,白石头洼式钨矿床成因类型为高温热液型,主要产于晚侏罗世二长花岗岩及花岗斑岩中,矿床(点)主要分布于二长花岗岩及花岗斑岩和北东向断裂带中,因此确定预测方法类型为侵入岩体型钨矿。

根据典型矿床成矿要素和航磁资料以及区域重力资料、化探异常,编制了典型矿床预测模型图(图4-10)。

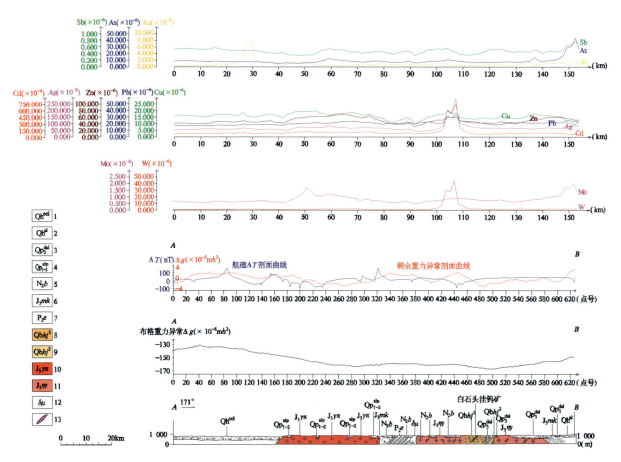

图4-10 白石头洼式钨矿预测工作区预测模型图

1.全新统风积物;2.全新统洪冲积物;3.上更新统洪冲积物;4.下中更新统风积物;5.上新统宝格达乌拉组;6.上侏罗统满克头鄂博组;7.中二叠统额里图组;8.青白口系呼吉尔图组三段;9.青白口系呼吉尔图组二段;10.晚侏罗世花岗斑岩;11.晚侏罗世二长花岗岩;12.闪长玢岩脉;13.钨矿脉

根据典型矿床成矿要素和地球物理、遥感、自然重砂特征,确定典型矿床预测要素,编制预测要素图;根据预测工作区成矿要素和地球物理、化探异常、遥感特征,建立区域预测要素(表4-3)。

表4-3 白石头洼式侵入岩体型钨矿预测要素表

预测要素		描述内容	要素分类
地质环境	构造背景	华北陆块区(Ⅱ)狼山-阴山陆块(Ⅱ-4)狼山-白云鄂博裂谷(Ⅱ-4-3)(Pt_2)和天山-兴蒙构造系(Ⅰ)包尔汉图-温都尔庙弧盆系(Ⅰ-8)(Pz_2)温都尔庙俯冲增生杂岩带(Ⅰ-8-2)(Pt_2—P)	重要
	成矿环境	华北成矿省(Ⅱ-14)华北陆块北缘西段金、铁、铌、稀土、铜、铅、锌、银、镍、铂、钨、石墨、白云母成矿带(Ⅲ-11)白云鄂博-商都金、铁、铌、稀土、铜、镍成矿亚带(Ⅲ-11-①)(Ar_3,Pt,V,Y)头沟地-郝家沟铁、金、银、萤石矿集区(V-120)和突泉-翁牛特铅、锌、银、铜、铁、锡、稀土成矿带(Ⅲ-8)卯都房子-毫义哈达钨、铅、锌、铬、萤石成矿亚带(Ⅲ-8-③)(V,Y)毫义哈达-毛汰山钨、金矿集区(V-93)	重要
	区域成矿类型及成矿期	燕山期高温热液型	必要
控矿地质条件	赋矿地质体	白云鄂博群呼吉尔图组二段、三段为本区钨矿床的主要围岩侵入岩	重要
	控矿侵入岩	晚侏罗世肉红色花岗斑岩、肉红色中粗粒花岗岩、肉红色中粗粒碱长花岗岩、黄灰色中粒似斑状花岗岩、灰白—肉红色中粗粒二长花岗岩、肉红色中粒二长花岗岩、肉红色粗粒二长花岗岩、肉红色中粗粒似斑状二长花岗岩、粉灰色中粒花岗闪长岩	次要
	主要控矿构造	钨矿产于次一级背斜核部,断裂构造以层间断裂为主,发育在向斜中心部位,是主要的控矿构造	次要
区内相同类型矿产		已知钨矿床(点)9处	重要
地球物理特征	航磁化极异常	航磁化极由4片组成,各片的异常下限不同,故不能利用	
	剩余重力异常	剩余重力异常$(-5\sim5)\times10^{-5}$m/s²	重要
地球化学特征		化探异常值为$(2\sim1\,299.2)\times10^{-6}$	重要
遥感特征		北西向解译断层	重要

第三节 矿产预测

一、综合地质信息定位预测

1. 变量提取及优选

根据典型矿床成矿要素及预测工作区研究成果,进行综合信息预测要素提取,本次选择网格单元作为预测单元,根据预测底图比例尺确定网格间距为2km×2km,图面网格间距为20mm×20mm。

根据对典型矿床成矿要素及预测要素的研究,选取以下变量。

地层:白云鄂博群呼吉尔图组二段、三段。

侵入岩:晚侏罗世肉红色花岗斑岩、肉红色中粗粒花岗岩、肉红色中粗粒碱长花岗岩、黄灰色中粒似斑状花岗岩、灰白—肉红色中粗粒二长花岗岩、肉红色中粒二长花岗岩、肉红色粗粒二长花岗岩、肉红色中粗粒似斑状二长花岗岩、粉灰色中粒花岗闪长岩。

构造：北东向断层及在形成发展过程中产生的次一级断裂，并利用重力及遥感解译出北东向的断层，缓冲区1km。

1∶20万剩余重力异常：$(-5 \sim 5) \times 10^{-5} m/s^2$。

1∶20万W元素化探异常：大于2×10^{-6}。

遥感：北西向断层。

2. 最小预测区圈定及优选

由于预测工作区内只有一个已知矿床，因此采用MRAS矿产资源GIS评价系统中少预测模型工程，添加地质体、断层、W元素化探异常、剩余重力异常、航磁化极、遥感线要素、已知矿床点等必要要素，利用网格单元法进行定位预测。采用空间评价中数量化理论Ⅲ、聚类分析、神经网络分析等方法进行预测，比照各类方法的结果，确定采用神经网络分析法进行评价，再结合综合信息法叠加各预测要素圈定最小预测区，并进行优选。形成色块图，叠加各预测要素，对色块图进行人工筛选，根据种子单元赋颜色，选择白石头洼钨矿床所在单元为种子单元。

A级：白云鄂博群呼吉尔图组二段、三段或晚侏罗世肉红色花岗岩＋钨矿床(点)＋化探组合异常的W元素异常大于2×10^{-6}＋剩余重力异常值大于$-5 \times 10^{-5} m/s^2$＋北西向断层。

B级：白云鄂博群呼吉尔图组二段、三段或晚侏罗世肉红色花岗岩＋化探组合异常的W元素异常大于2×10^{-6}＋剩余重力异常值大于$-5 \times 10^{-5} m/s^2$＋北西向断层。

C级：白云鄂博群呼吉尔图组二段、三段或晚侏罗世肉红色花岗岩＋化探组合异常的W元素异常大于2×10^{-6}或剩余重力异常值大于$-5 \times 10^{-5} m/s^2$或北西向断层。

3. 最小预测区圈定结果

本次工作共圈定各级异常区23个，其中A级8个(含已知矿体)，B级7个，C级8个，总面积607.22km²(表4-4)。

表4-4 白石头洼钨矿预测工作区最小预测区一览表

序号	最小预测区编号	最小预测区名称	序号	最小预测区编号	最小预测区名称
1	A1508202001	莫图	13	B1508202005	敖本高勒南
2	A1508202002	灰热哈达	14	B1508202006	二道河乡
3	A1508202003	山西特拉	15	B1508202007	万寿滩乡南
4	A1508202004	毫义哈达	16	C1508202001	哈登胡舒嘎查
5	A1508202005	秋灵沟	17	C1508202002	道兰呼都嘎东
6	A1508202006	沙拉哈达	18	C1508202003	浑都伦嘎查
7	A1508202007	七号乡三胜村	19	C1508202004	敖本高勒
8	A1508202008	白石头洼	20	C1508202005	五顷地村
9	B1508202001	古恩呼都嘎	21	C1508202006	六支箭乡
10	B1508202002	恩格日道仓呼都嘎	22	C1508202007	新围子村
11	B1508202003	苏力格勒	23	C1508202008	平地村南西
12	B1508202004	呼日敦高勒嘎查			

白石头洼钨矿预测工作区预测底图精度为1:5万,并根据成矿有利度[含矿地质体、控矿构造、矿(化)点、找矿线索及物化探异常]、地理交通及开发条件和其他相关条件,将预测工作区内最小预测区级别分为A、B、C三个等级(图4-11)。

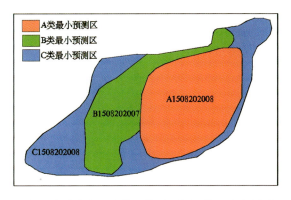

图4-11 白石头洼式侵入岩体型钨矿预测工作区最小预测区示意图

所圈定的23个最小预测区,最小预测区面积在1.01~56.88km²之间。各级别分布合理,且已知矿床(点)分布在A级预测区内,说明预测区优选分级原则较为合理;最小预测区圈定结果表明,预测区总体与区域成矿地质背景和物化探异常等吻合程度较好,存在或可能发现钨矿产地的可能性高,具有一定的可信度。

4. 最小预测区地质评价

预测工作区隶属内蒙古自治区锡林郭勒盟太仆寺旗、镶黄旗和乌兰察布市商都县、化德县。地处阴山北麓,浑善达克沙地南缘。为中纬度低山丘陵区,区内沟谷较发育,地形较复杂,为构造剥蚀堆积与山前荒漠戈壁和风沙区。经济形式主要以农业为主。国道G207贯穿南北,水泥路四通八达。各最小预测区成矿条件及找矿潜力见表4-5。

表4-5 白石头洼式侵入岩体型钨矿预测工作区最小预测区综合信息特征一览表

最小预测区编号	最小预测区名称	综合信息
A1508202001	莫图	区内有那仁乌拉苏木莫图钨矿点,侵入岩为晚侏罗世灰白色—肉红色中粗粒二长花岗岩,剩余重力异常起始值为$(-3\sim-1)\times10^{-5}$m/s²,化探综合异常W元素起始值大于2×10^{-6},找矿潜力好。预测工作区为A级,预测深度为480m,资源量类别为334-2,预测资源储量为2 074.69t
A1508202002	灰热哈达	区内有哈彦海日瓦苏木灰热哈达钨小型矿床,侵入岩为晚侏罗世灰白色—肉红色中粗粒二长花岗岩,剩余重力异常起始值为$(-3\sim1)\times10^{-5}$m/s²,化探综合异常W元素起始值大于2×10^{-6},找矿潜力好。预测工作区为A级,预测深度为470m,资源量类别为334-1,预测资源储量为5 676.27t
A1508202003	山西特拉	预测工作区有那仁乌拉苏木山西特拉钨矿点,侵入岩为晚侏罗世灰白色—肉红色中粗粒二长花岗岩,剩余重力异常起始值为$(-3\sim-2)\times10^{-5}$m/s²,化探综合异常W元素起始值大于2×10^{-6},找矿潜力好。预测工作区为A级,预测深度为470m,资源量类别为334-2,预测资源储量为355.16t

续表 4-5

最小预测区编号	最小预测区名称	综合信息
A1508202004	毫义哈达	预测工作区有毫义哈达小型钨矿床,侵入岩为晚侏罗世灰白色—肉红色中粗粒二长花岗岩,剩余重力异常起始值为$(1\sim3)\times10^{-5}\text{m/s}^2$,化探综合异常 W 元素起始值为$(2\sim4)\times10^{-6}$,找矿潜力好。预测工作区为 A 级,预测深度为 470m,资源量类别为 334-1,预测资源储量为 14 595.80t
A1508202005	秋灵沟	卯都房子小型钨矿床和秋灵沟钨矿点所在区,侵入岩为晚侏罗世灰白色—肉红色中粗粒二长花岗岩,剩余重力异常起始值为$(-3\sim1)\times10^{-5}\text{m/s}^2$,化探异常 W 元素起始值大于$2\times10^{-6}$,找矿潜力好。预测工作区为 A 级,预测深度为 470m,资源量类别为 334-1,预测资源储量为 12 721.46t
A1508202006	沙拉哈达	沙拉哈达钨矿点所在区,地层为下二叠统额里图组,剩余重力异常起始值为$(-4\sim-2)\times10^{-5}\text{m/s}^2$,化探综合异常 W 元素起始值为$(2\sim3)\times10^{-6}$,找矿潜力好。预测工作区为 A 级,预测深度为 470m,资源量类别为 334-2,预测资源储量为 5 754.94t
A1508202007	七号乡三胜村	三胜村小型钨矿床所在区,侵入岩为晚侏罗世灰白色—肉红色中粗粒二长花岗岩,剩余重力异常起始值为$(-3\sim1)\times10^{-5}\text{m/s}^2$,化探综合异常 W 元素起始值大于$10^{-6}$,找矿潜力好。预测工作区为 A 级,预测深度为 480m,资源量类别为 334-1,预测资源储量为 187.09t
A1508202008	白石头洼	是白石头洼中型钨矿床所在区,地层为白云鄂博群呼吉尔图组二段、三段,剩余重力异常起始值为$(-4\sim2)\times10^{-5}\text{m/s}^2$,化探综合异常 W 元素起始值为$(2.0\sim4.1)\times10^{-6}$,找矿潜力好。预测工作区为 A 级,预测深度为 465m,资源量类别为 334-1,预测资源储量为 18 569.82t
B1508202001	古恩呼都嘎	是 A1508202001 的外围,侵入岩为晚侏罗世灰白色—肉红色中粗粒二长花岗岩,剩余重力异常起始值为$(-3\sim0)\times10^{-5}\text{m/s}^2$,化探综合异常 W 元素起始值为$(2\sim3)\times10^{-6}$,找矿潜力较好。预测工作区为 B 级,预测深度为 470m,资源量类别为 334-2,预测资源储量为 7 185.62t
B1508202002	恩格日道仑呼都嘎	是 A1508202002 的外围,侵入岩为晚侏罗世灰白色—肉红色中粗粒二长花岗岩,剩余重力异常起始值为$(-5\sim-3)\times10^{-5}\text{m/s}^2$,化探综合异常 W 元素起始值为$(2\sim3)\times10^{-6}$,找矿潜力较好。预测工作区为 B 级,预测深度为 470m,资源量类别为 334-3,预测资源储量为 4 605.78t
B1508202003	苏力格勒	是 A1508202003 的外围,侵入岩为晚侏罗世灰白色—肉红色中粗粒二长花岗岩,剩余重力异常起始值为$(-3\sim0)\times10^{-5}\text{m/s}^2$,化探综合异常 W 元素起始值为$(2\sim4)\times10^{-6}$,找矿潜力较好。预测工作区为 B 级,预测深度为 470m,资源量类别为 334-2,预测资源储量为 5 769.21t
B1508202004	呼日敦高勒嘎查	侵入岩为晚侏罗世灰白色—肉红色中粗粒二长花岗岩,剩余重力异常起始值为$(0\sim2)\times10^{-5}\text{m/s}^2$,化探综合异常 W 元素起始值为$(2\sim4)\times10^{-6}$,找矿潜力较好。预测工作区为 B 级,预测深度为 470m,资源量类别为 334-2,0~470m 预测资源储量为 1 446.30t
B1508202005	敖本高勒南	侵入岩为晚侏罗世灰白色—肉红色中粗粒二长花岗岩,剩余重力异常起始值为$(1\sim2)\times10^{-5}\text{m/s}^2$,化探综合异常 W 元素起始值为$(2\sim4)\times10^{-6}$,找矿潜力较好。预测工作区为 B 级,预测深度为 470m,资源量类别为 334-3,预测资源储量为 3 531.00t

续表 4-5

最小预测区编号	最小预测区名称	综合信息
B1508202006	二道河乡	是 A1508202005 和 A1508202006 的外围,侵入岩为晚侏罗世灰白色—肉红色中粗粒二长花岗岩,剩余重力异常起始值为$(-6\sim3)\times10^{-5}\mathrm{m/s^2}$,化探综合异常 W 元素起始值为$(2\sim4)\times10^{-6}$,找矿潜力较好。预测工作区为 B 级,预测深度为 470m,资源量类别为 334-2,预测资源储量为 7 771.80t
B1508202007	万寿滩乡南	白石头洼中型钨矿床所在区,地层为白云鄂博群呼吉尔图组二段、三段,剩余重力异常起始值为$(0\sim3)\times10^{-5}\mathrm{m/s^2}$,化探综合异常 W 元素起始值为$(2\sim3)\times10^{-6}$,找矿潜力较好。预测工作区为 B 级,预测深度为 470m,资源量类别为 334-2,预测资源储量为 3 396.63t
C1508202001	哈登胡舒嘎查	是 A1508202001 的外围,侵入岩为晚侏罗世灰白色—肉红色中粗粒二长花岗岩,剩余重力异常起始值为$(-3\sim0)\times10^{-5}\mathrm{m/s^2}$,有一定的找矿潜力。预测工作区为 C 级,预测深度为 470m,资源量类别为 334-2,预测资源储量为 1 933.37t
C1508202002	道兰呼都嘎东	是 A1508202001 的外围,侵入岩为晚侏罗世灰白色—肉红色中粗粒二长花岗岩,剩余重力异常起始值为$(-3\sim0)\times10^{-5}\mathrm{m/s^2}$,具有一定的找矿潜力。预测工作区为 C 级,预测深度为 480m,资源量类别为 334-2,预测资源储量为 1 166.65t
C1508202003	浑都伦嘎查	侵入岩为晚侏罗世灰白色—肉红色中粗粒二长花岗岩,剩余重力异常起始值为$(-2\sim3)\times10^{-5}\mathrm{m/s^2}$,具有一定的找矿潜力。预测工作区为 C 级,预测深度为 470m,资源量类别为 334-2,预测资源储量为 3 208.29t
C1508202004	敖本高勒	侵入岩为晚侏罗世灰白色—肉红色中粗粒二长花岗岩,剩余重力异常起始值为$(1\sim3)\times10^{-5}\mathrm{m/s^2}$,化探综合异常 W 元素起始值为$(2\sim3)\times10^{-6}$,具有一定的找矿潜力。预测工作区为 C 级,预测深度为 470m,资源量类别为 334-3,预测资源储量为 1 850.97t
C1508202005	五顷地村	侵入岩为晚侏罗世灰白色—肉红色中粗粒二长花岗岩,剩余重力异常起始值为$(-1\sim1)\times10^{-5}\mathrm{m/s^2}$,化探综合异常 W 元素起始值为$(2\sim3)\times10^{-6}$,具有一定的找矿潜力。预测工作区为 C 级,预测深度为 470m,资源量类别为 334-3,预测资源储量为 1 192.13t
C1508202006	六支箭乡	侵入岩为晚侏罗世灰白色—肉红色中粗粒二长花岗岩,剩余重力异常起始值为$(0\sim2)\times10^{-5}\mathrm{m/s^2}$,化探综合异常 W 元素起始值为$(2\sim3)\times10^{-6}$,具有一定的找矿潜力。预测工作区为 C 级,预测深度为 470m,资源量类别为 334-3,预测资源储量为 1 530.40t
C1508202007	新围子村	是 A1508202005 和 A1508202006 的外围,侵入岩为晚侏罗世灰白色—肉红色中粗粒二长花岗岩,剩余重力异常起始值为$(-5\sim1)\times10^{-5}\mathrm{m/s^2}$,化探综合异常 W 元素起始值为$(2\sim3)\times10^{-6}$,具有一定的找矿潜力。预测工作区为 C 级,预测深度为 470m,资源量类别为 334-2,预测资源储量为 2 434.79t
C1508202008	平地村南西	白石头洼中型钨矿床所在区,地层为白云鄂博群呼吉尔图组二段、三段,剩余重力异常起始值为$(-4\sim3)\times10^{-5}\mathrm{m/s^2}$,化探综合异常 W 元素起始值为$(2\sim3)\times10^{-6}$,具有一定的找矿潜力。预测工作区为 C 级,预测深度为 470m,资源量类别为 334-2,预测资源储量为 1 367.73t

二、综合信息地质体积法估算资源量

(一)典型矿床深部及外围资源量估算

白石头洼钨典型矿床储量资料来源于内蒙古自治区地质勘查局六〇九队1993年9月编写的《内蒙古太仆寺旗白石头洼钨矿二号脉补充地质工作总结》。矿床面积($S_{典}$)是根据1:1 000的内蒙古自治区太仆寺旗白石头洼钨矿区地形地质图,依据勘探线左边位置钻孔见矿位置向地表投影而圈定的典型矿床面积,在MapGIS软件下读取数据;矿体延深($H_{典}$)根据白石头洼钨矿床24勘线储量计算剖面图CK83确定为410m(图4-2),具体数据见表4-6。

表4-6 白石头洼钨矿典型矿床深部及外围资源量估算一览表

典型矿床		深部及外围		
已查明资源量(t)	22 179	深部	面积(m^2)	142 968
面积(m^2)	142 968		深度(m)	55
深度(m)	410	外围	面积(m^2)	46 560
品位(%)	0.314(WO_3)		深度(m)	465
体重(t/m^3)	2.70	预测资源量(t)		11 215
体积含矿率(t/m^3)	0.000 38	典型矿床资源总量(t)		33 394

(二)模型区的确定、资源量及估算参数

模型区为典型矿床所在的最小预测区,白石头洼模型区系MRAS定位预测后,经手工优化圈定的,该区没有其他矿床、矿(化)点。模型区总资源量($Z_{典总}$)=$Z_{典}$+$Z_{深}$+$Z_{外}$=33 394(t);模型区延深与典型矿床一致,为465m;模型区含矿地质体面积与模型区面积一致,经MapGIS软件下读取数据为模型区面积($S_{模}$)=29 725 000(m^2)(表4-7)。

模型区含矿系数(K)=模型区预测资源总量($Z_{典总}$)÷模型区含矿地质体总体积=33 394÷(21 327 500×465)=0.000 002 4(t/m^3)。

表4-7 模型区预测资源量及其估算参数表

编号	名称	经度	纬度	模型区总资源量(t)	模型区面积(m^2)	延深(m)	含矿地质体面积(m^2)	含矿地质体面积参数	含矿地质体总体积(m^3)	含矿系数(t/m^3)
1508202	白石头洼	1151005	415750	33 394	29 724 518	465	29 725 000	0.75	9 917 287 500	0.000 002 4

(三)最小预测区预测资源量

1. 估算方法的选择

白石头洼式侵入岩体型钨矿预测工作区最小预测区资源量定量估算采用地质体积法进行估算(表4-8)。

表 4-8 白石头洼钨矿预测工作区资源量估算方法表

预测工作区编号	预测工作区名称	资源量估算方法
1508202	白石头洼钨矿	地质体积法

2. 估算参数的确定

1) 最小预测区面积圈定方法及圈定结果

本次预测底图比例尺为 1:25 万,利用规则地质单元作为预测单元。

预测地质变量:白云鄂博群呼吉尔图组二段和三段;晚侏罗世花岗岩类及中新生界揭露区;北东向、北东东向断层、遥感解译和重力推断的北东向、北东东向断层 500m 缓冲区;剩余重力异常;W 元素 1:20 万化探异常等。

本次利用证据权重法,采用网格单元法,在 MRAS2.0 下进行预测工作区的圈定与优选,根据优选结果圈定为不规则形状。最终圈定 23 个最小预测区,其中 A 级区 8 个,B 级区 7 个,C 级区 8 个(表 4-9)。

表 4-9 白石头洼钨矿预测工作区最小预测区面积圈定大小及方法依据

最小预测区编号	最小预测区名称	经度	纬度	面积(m²)	面积参数确定依据
A1508202001	莫图	1143228.75	422334.91	5 953 532	依据 MRAS2.0 所形成的色块区与预测工作区底图重叠区域,并结合含矿地质体、已知矿床、矿(化)点、重力剩余异常、W 元素化探异常范围
A1508202002	灰热哈达	1141942.00	421948.53	18 154 047	
A1508202003	山西特拉	1142736.00	422028.84	10 416 030	
A1508202004	毫义哈达	1141258.88	421338.53	33 632 968	
A1508202005	秋灵沟	1134053.38	420509.25	41 252 301	
A1508202006	沙拉哈达	1134552.63	420359.94	16 865 765	
A1508202007	七号乡三胜村	1143814.63	420657.75	1 009 453	
A1508202008	白石头洼	1151004.50	415732.69	29 724 518	
B1508202001	古恩呼都嘎	1142804.75	422421.78	35 390 172	
B1508202002	恩格日道仑呼都嘎	1142153.25	422202.47	29 165 292	
B1508202003	苏力格勒	1142711.38	421900.03	34 441 408	
B1508202004	呼日敦高勒嘎查	1141320.25	421512.13	9 158 449	
B1508202005	敖本高勒南	1141133.50	420825.88	19 564 512	
B1508202006	二道河乡	1134712.00	420452.41	43 745 359	
B1508202007	万寿滩乡南	1150656.88	415733.91	18 819 981	
C1508202001	哈登胡舒嘎查	1143542.13	422418.16	34 279 669	
C1508202002	道兰呼都嘎东	1142452.13	422316.22	20 254 339	
C1508202003	浑都伦嘎查	1142022.25	421648.78	56 884 535	
C1508202004	敖本高勒	1141206.13	421048.06	32 818 566	
C1508202005	五顷地村	1141426.25	420826.25	21 137 093	
C1508202006	六支箭乡	1141144.63	420544.78	27 134 754	
C1508202007	新围子村	1133545.00	420421.47	431 70 107	
C1508202008	平地村南西	1150549.00	415739.75	24 250 584	

2)延深参数的确定及结果

延深参数的确定是在研究最小预测区含矿地质体地质特征、岩体的形成深度、矿化蚀变、矿化类型的基础上,并对比典型矿床特征的基础上综合确定的,模型区内深度最大的钻孔是 CK83,深度为 553.49m,控制矿体深度为 465m,以此确定白石头洼钨矿最小预测区预测深度为 465m,其他最小预测区预测深度根据含矿地体的出露宽度、产状及 W 元素化探异常、航磁异常、布格重力异常特征等来确定或专家估计给出,详见表 4-10。

表 4-10 白石头洼钨矿预测工作区最小预测区延深圈定大小及方法依据

最小预测区编号	最小预测区名称	延深(m)	延深参数确定依据
A1508202001	莫图	480	据典型矿床控矿深度及本最小预测区的地质情况,预测深度为480m
A1508202002	灰热哈达	470	据典型矿床控矿深度及本最小预测区的地质情况,预测深度为470m
A1508202003	山西特拉	470	据典型矿床控矿深度及本最小预测区的地质情况,预测深度为470m
A1508202004	毫义哈达	470	据典型矿床控矿深度及本最小预测区的地质情况,预测深度为470m
A1508202005	秋灵沟	470	据典型矿床控矿深度及本最小预测区的地质情况,预测深度为470m
A1508202006	沙拉哈达	470	据典型矿床控矿深度及本最小预测区的地质情况,预测深度为470m
A1508202007	七号乡三胜村	470	据典型矿床控矿深度及本最小预测区的地质情况,预测深度为470m
A1508202008	白石头洼	465	据典型矿床 CK83 控矿深度为410m,下延55m,预测深度为465m
B1508202001	古恩呼都嘎	470	据典型矿床控矿深度及本最小预测区的地质情况,预测深度为465m
B1508202002	恩格日道仑呼都嘎	470	据典型矿床控矿深度及本最小预测区的地质情况,预测深度为470m
B1508202003	苏力格勒	470	据典型矿床控矿深度及本最小预测区的地质情况,预测深度为470m
B1508202004	呼日敦高勒嘎查	470	据典型矿床控矿深度及本最小预测区的地质情况,预测深度为470m
B1508202005	敖本高勒南	470	据典型矿床控矿深度及本最小预测区的地质情况,预测深度为470m
B1508202006	二道河乡	470	据典型矿床控矿深度及本最小预测区的地质情况,预测深度为470m
B1508202007	万寿滩乡南	470	据典型矿床 CK83 控矿深度为410m,下延55m,预测深度为465m
C1508202001	哈登胡舒嘎查	470	据典型矿床控矿深度及本最小预测区的地质情况,预测深度为470m
C1508202002	道兰呼都嘎东	480	据典型矿床控矿深度及本最小预测区的地质情况,预测深度为480m
C1508202003	浑都伦嘎查	470	据典型矿床控矿深度及本最小预测区的地质情况,预测深度为480m
C1508202004	敖本高勒	470	据典型矿床控矿深度及本最小预测区的地质情况,预测深度为480m
C1508202005	五顷地村	470	据典型矿床控矿深度及本最小预测区的地质情况,预测深度为480m
C1508202006	六支箭乡	470	据典型矿床控矿深度及本最小预测区的地质情况,预测深度为480m
C1508202007	新围子村	470	据典型矿床控矿深度及本最小预测区的地质情况,预测深度为480m
C1508202008	平地村南西	470	据典型矿床 CK83 控矿深度为410m,下延55m,预测深度为465m

3)品位和体重的确定

预测工作区内无矿床、矿点的最小预测区品位、体重均采用白石头洼典型矿床资料,分别为 WO_3 0.314%、2.70t/m^3;有矿床、矿点者采用其相应资料。

4)相似系数的确定

白石头洼钨矿预测工作区最小预测区相似系数的确定,主要依据最小预测区内含矿地质体出露的大小、地质构造发育程度、磁异常强度、矿化蚀变发育程度及矿(化)点的多少等因素,由专家确定。各最小预测区相似系数见表4-11。

表4-11 白石头洼钨矿预测工作区最小预测区相似系数表

最小预测区编号	最小预测区名称	相似系数 α	最小预测区编号	最小预测区名称	相似系数 α
A1508202001	莫图	0.55	B1508202005	敖本高勒南	0.40
A1508202002	灰热哈达	0.65	B1508202006	二道河乡	0.35
A1508202003	山西特拉	0.55	B1508202007	万寿滩乡南	0.40
A1508202004	毫义哈达	0.65	C1508202001	哈登胡舒嘎查	0.20
A1508202005	秋灵沟	0.50	C1508202002	道兰呼都嘎东	0.20
A1508202006	沙拉哈达	0.55	C1508202003	浑都伦嘎查	0.20
A1508202007	七号乡三胜村	0.65	C1508202004	敖本高勒	0.20
A1508202008	白石头洼	0.75	C1508202005	五顷地村	0.20
B1508202001	古恩呼都嘎	0.40	C1508202006	六支箭乡	0.20
B1508202002	恩格日道仓呼都嘎	0.35	C1508202007	新围子村	0.20
B1508202003	苏力格勒	0.33	C1508202008	平地村南西	0.20
B1508202004	呼日敦高勒嘎查	0.35			

3. 最小预测区预测资源量估算结果

采用地质体积法,预测工作区预测资源量估算公式:

$$Z_{预} = S_{预} \times H_{预} \times K_s \times K \times \alpha$$

式中,$Z_{预}$为预测工作区预测资源量;$S_{预}$为预测区面积;$H_{预}$为预测区延深;K_s为含矿地质体面积参数;K为模型区矿床的含矿系数;α为相似系数。

根据上述公式,求得最小预测区资源量。本次预测资源总量为111 524.91t,其中不包括预测工作区中各矿床、矿点已查明资源量24 960t(表4-12)。

表4-12 白石头洼钨矿预测工作区最小预测区估算成果表

最小预测区编号	最小预测区名称	$S_{预}(m^2)$	$H_{预}$(m)	K_s	$K(t/m^3)$	α	计算资源量(t)	探明资源量(t)	预测资源量(t)	资源量级别
A1508202001	莫图	5 953 532	480	0.55	0.000 002 4	0.55	2 074.69	—	2 074.69	334-2
A1508202002	灰热哈达	18 154 047	470	0.50	0.000 002 4	0.65	6 655.27	979	5 676.27	334-1
A1508202003	山西特拉	10 416 030	470	0.55	0.000 002 4	0.55	3 554.16	—	3 554.16	334-2
A1508202004	毫义哈达	33 632 968	470	0.65	0.000 002 4	0.65	16 028.80	1 433	14 595.80	334-1
A1508202005	秋灵沟	41 252 301	470	0.55	0.000 002 4	0.50	12 796.46	75	12 721.46	334-1
A1508202006	沙拉哈达	16 865 765	470	0.55	0.000 002 4	0.55	5 754.94	—	5 754.94	334-2
A1508202007	七号乡三胜村	1 009 453	470	0.65	0.000 002 4	0.65	481.09	294	187.09	334-1
A1508202008	白石头洼	29 724 518	465	0.75	0.000 002 4	0.75	18 659.57	22 179	18 569.82	334-1
B1508202001	古恩呼都嘎	3 539 0172	470	0.45	0.000 002 4	0.40	7 185.62	—	7 185.62	334-2

续表 4-12

最小预测区编号	最小预测区名称	$S_{预}(m^2)$	$H_{预}$(m)	K_s	$K(t/m^3)$	α	计算资源量(t)	探明资源量(t)	预测资源量(t)	资源量级别
B1508202002	恩格日道仑呼都嘎	29 165 292	470	0.40	0.000 002 4	0.35	4 605.78	—	4 605.78	334-3
B1508202003	苏力格勒	34 441 408	470	0.45	0.000 002 4	0.33	5 769.21	—	5 769.21	334-2
B1508202004	呼日敦高勒嘎查	9 158 449	470	0.40	0.000 002 4	0.35	1 446.30	—	1 446.30	334-2
B1508202005	敖本高勒南	19 564 512	470	0.40	0.000 002 4	0.40	3 531.00	—	3 531.00	334-3
B1508202006	二道河乡	43 745 359	470	0.45	0.000 002 4	0.35	7 771.80	—	7 771.80	334-2
B1508202007	万寿滩乡南	18 819 981	470	0.40	0.000 002 4	0.40	3 396.63	—	3 396.63	334-2
C1508202001	哈登胡舒嘎查	34 279 669	470	0.25	0.000 002 4	0.20	1 933.37	—	1 933.37	334-2
C1508202002	道兰呼都嘎东	20 254 339	480	0.25	0.000 002 4	0.20	1 166.65	—	1 166.65	334-3
C1508202003	浑都伦嘎查	56 884 535	470	0.25	0.000 002 4	0.20	3 208.29	—	3 208.29	334-3
C1508202004	敖本高勒	32 818 566	470	0.25	0.000 002 4	0.20	1 850.97	—	1 850.97	334-3
C1508202005	五顷地村	21 137 093	470	0.25	0.000 002 4	0.20	1 192.13	—	1 192.13	334-3
C1508202006	六支箭乡	27 134 754	470	0.25	0.000 002 4	0.20	1 530.40	—	1 530.40	334-3
C1508202007	新围子村	43 170 107	470	0.25	0.000 002 4	0.20	2 434.79	—	2 434.79	334-3
C1508202008	平地村南西	24 250 584	470	0.25	0.000 002 4	0.20	1 367.73	—	1 367.73	334-2
总计							114 395.66	24 960	111 524.91	

资源量级别的划分标准如下。

334-1：具有工业价值的矿产地或已知矿床深部及外围的预测资源量，符合以下原则也可划入本类别，即最小预测区内具有工业价值的矿产地必须是地质调查已经提交 334 以上类别资源量的矿产地，且资料精度大于 1∶5 万。

334-2：同时具备直接（包括含矿矿点、矿化点、重要找矿线索等）和间接找矿标志的最小预测单元内的预测资源量（间接找矿标志包括物探、化探、遥感、老窿、自然重砂等异常）。资料精度大于或等于 1∶5 万。

334-3：只有间接找矿标志的最小预测单元内预测资源量。工作中符合以下原则即可划入本类别，即任何情况下预测资料精度小于或等于 1∶20 万的预测单元内资源量。

（四）预测工作区资源总量成果汇总

1. 按方法

白石头洼式侵入岩体型钨矿预测工作区地质体积法预测资源量见表 4-13。

表 4-13 白石头洼式侵入岩体型钨矿预测工作区预测资源量方法统计表

单位：t

预测工作区编号	预测工作区名称	方法
		地质体积法
1508202	白石头洼式侵入岩体型钨矿预测工作区	111 524.91

2. 按精度

白石头洼式侵入岩体型钨矿预测工作区地质体积法预测资源量,依据资源量级别划分标准,可划分为 334-1、334-2 和 334-3 三个资源量精度级别,各级别资源量见表 4-14。

表 4-14 白石头洼式侵入岩体型钨矿预测工作区预测资源量精度统计表　　　　　单位:t

预测工作区编号	预测工作区名称	精度		
		334-1	334-2	334-3
1508202	白石头洼式侵入岩体型钨矿预测工作区	51 750.44	45 897.53	13 876.94

3. 按延深

白石头洼式侵入岩体型钨矿预测工作区中,根据各最小预测区内含矿地质体(地层、侵入岩及构造)特征,预测深度在 465～480m 之间,其资源量按预测深度统计结果见表 4-15。

表 4-15 白石头洼式侵入岩体型钨矿预测工作区预测资源量深度统计表　　　　　单位:t

预测工作区编号	预测工作区名称	500m 以浅		
		334-1	334-2	334-3
1508202	白石头洼式侵入岩体型钨矿预测工作区	51 750.44	45 897.53	13 876.94
		总计:111 524.91		

4. 按矿产预测类型

白石头洼式侵入岩体型钨矿预测工作区中,其矿产预测方法类型为侵入岩体型,预测类型为热液体型,其资源量统计结果见表 4-16。

表 4-16 白石头洼式侵入岩体型钨矿预测工作区预测资源量矿产类型精度统计表　　　单位:t

预测工作区编号	预测工作区名称	侵入岩体型		
		334-1	334-2	334-3
1508202	白石头洼式侵入岩体型钨矿预测工作区	51 750.44	45 897.53	13 876.94
		总计:111 524.91		

5. 按可利用性类别

可利用性类别的划分,主要依据如下。
(1)深度可利用性(500m):经专家确定为 500m。
(2)当前开采经济条件可利用性:在 500m 以浅均可利用。
(3)矿石可选性:钨矿粒径不是太小,均可选。
(4)外部交通水电环境可利用性:预测工作区的外部交通、水电环境均较好。
综合上述 4 个方面,预测工作区资源量均为可利用的预测资源量(表 4-17)。

表 4-17 白石头洼式侵入岩体型钨矿预测工作区预测资源量可利用性统计表　　　　单位:t

预测工作区编号	预测工作区名称	可利用		
		334-1	334-2	334-3
1508202	白石头洼式侵入岩体型钨矿预测工作区	51 750.44	45 897.53	13 876.94
		总计:111 524.91		

6. 按可信度统计分析

白石头洼式侵入岩体型钨矿预测工作区预测资源量可信度统计结果见表 4-18。预测资源量可信度估计概率大于或等于 0.75 的有 63 134.22t,0.5~0.75 的有 33 706.35t,0.25~0.5 的有 14 684.34t。

表 4-18 白石头洼式侵入岩体型钨矿预测工作区预测资源量可信度统计表　　　　单位:t

预测工作区编号	预测工作区名称	≥0.75			0.50~0.75			0.25~0.5		
		334-1	334-2	334-3	334-1	334-2	334-3	334-1	334-2	334-3
1501224	白石头洼式侵入岩体型钨矿预测工作区	51 715.44	11 383.78	—	—	25 569.56	8 136.79	—	8 944.19	5 740.15
合计		63 134.22			33 706.35			14 684.34		

7. 按级别分类统计

依据最小预测区地质矿产、物探及遥感异常等综合特征,并结合资源量估算和预测工作区优选结果,将最小预测区划分为 A 级、B 级和 C 级 3 个等级,其预测资源量分别为 63 134.22t、33 706.35t 和 14 684.34t。详见表 4-19。

表 4-19 白石头洼式侵入岩体型钨矿预测工作区预测资源量级别分类统计表　　　　单位:t

预测工作区编号	预测工作区名称	级别		
		A 级	B 级	C 级
1508202	白石头洼式侵入岩体型钨矿预测工作区	63 134.22	33 706.35	14 684.34
		总计:111 524.91		

第五章　七一山式侵入岩体型钨矿预测成果

内蒙古自治区七一山式侵入岩体型钨矿预测工作区位于内蒙古自治区阿拉善盟额济纳旗，地势平坦，地貌组合比较复杂，由戈壁、低山、丘陵、沙漠、湖沼和绿洲等组成。属中温带半干旱大陆性季风气候，年平均气温 8.3℃，年日照时数 3 592h，年降水量 37mm，无霜期 138～150 天。经济形式是以农牧业为基础，工矿业和旅游业兼顾发展。交通欠发达。居民稀疏，主要有蒙古族、汉族、回族、满族等民族。

第一节　典型矿床特征

一、典型矿床及成矿模式

内蒙古自治区七一山式侵入岩体型钨矿位于内蒙古自治区阿拉善盟额济纳旗南西部，地理坐标为东经 99°35′51″，北纬 41°23′01″。钨金属量 13 756.6t，平均品位 WO_3 0.174%，体重 2.73t/m^3。

（一）典型矿床特征

七一山钨钼矿位于内蒙古自治区西部额济纳旗-北山弧盆系，北山褶皱带的星星峡-索索井褶皱带北东缘。次级构造为旱山-凤尾山复向斜，矿区位于向斜的核部（图 5-1）。

1. 矿区地质

矿区出露的地层主要为志留系，其次有新近系及第四系。

下志留统圆包山组，分部在矿区南西部，为一套陆源碎屑岩及火山碎屑岩组合。

中志留统公婆泉组，遍布整个矿区，为一套火山熔岩、火山碎屑岩及化学沉积碳酸盐岩组合。

上新统苦泉组，分布于矿区西段，为砖红色泥砂质砾岩、砂岩。角度不整合于志留纪大理岩及燕山期花岗岩之上。

全新统冲积、残坡积，沙土及岩石碎块，分布于沟谷及低缓山坡。

矿区出露的侵入岩主要以燕山期花岗岩为主，海西期中酸性侵入岩零星分布于矿区边缘。

燕山早期侵入岩：中粒花岗岩、似斑状花岗岩两次岩浆侵入所形成的复式岩体。为矿区最发育的侵入岩。呈不规则岩株侵入于圆包山组与公婆泉组的断层接触带及公婆泉组的下部。岩体在地表呈现明显的膨胀、狭缩现象，岩体总体倾向北西，倾角在 40°～70°之间。

海西中期侵入岩为英云闪长斑岩。

矿区位于区域复向斜的核部，就局部而言，为一走向近东西，倾向北，倾角 64°～72°的单斜构造。

区内断裂构造发育，有近东西向、北东向、南北向、北北东向 4 组，控制着燕山期花岗岩体和与成矿有关的脉体。均发生于成矿以前，属控矿构造。

矿区内除少数规则平整、延深较长的剪切裂隙外，占绝对优势的是复杂的网状裂隙。网状裂隙是多期构造活动的产物，是控制含钨、钼石英脉及长英质细脉的主要裂隙。

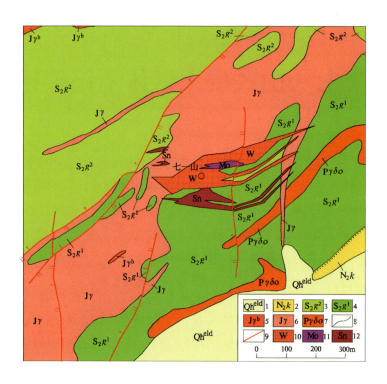

图 5-1 七一山钨矿床矿区地质简图

1. 全新统残坡积；2. 上新统苦泉组；3. 中志留统公婆泉组二段；4. 中志留统公婆泉组一段；5. 侏罗纪似斑状花岗岩；6. 侏罗纪中粒花岗岩；7. 二叠纪花岗闪长斑岩；8. 地质界线；9. 断层；10. 钨矿体；11. 钼矿体；12. 锡矿体

矿区与成矿关系密切的变质作用以热液蚀变作用为主，接触变质作用次之；区域变质作用微弱，且与成矿无关。

矿区围岩蚀变较发育。矽卡岩化零星分布于岩体与大理岩或变质砂岩的接触带，中部较为发育，呈规模不大的透镜体产出。矽卡岩化与锡矿化关系密切，常构成锡矿的重要矿石类型之一。角岩化主要分布在矿区东段中粒花岗岩与凝灰质砂岩的外接触带，呈带状分布。角岩种类繁多，以角闪石角岩和黑云母角岩两种为主，常常形成钨锡矿体。硅化广泛发育在岩体与围岩的内、外接触带上，石英呈网状细脉沿节理裂隙充填交代，常伴生有星点状或浸染状的白钨矿、黑钨矿、辉钼矿等，是成矿阶段的重要标志。叶腊石化分布广泛，规模较大者集中分布于岩体西段，规模不大者产于萤石矿脉、含钨细脉两种矿脉附近，这两种近矿围岩蚀变均在岩体内。萤石化与钨、钼、锡矿化息息相关，强烈者本身就是优质的萤石矿，形成时间晚于其他各种蚀变，与成矿同时发生。

2. 矿床特征

矿区共圈定钨、锡、钼、铷、铍、铁、铜 7 种矿石组成的单生和共生矿体 71 个，其中规模最大、数量众多的矿体集中分布在矿区东段 16～52 线间花岗岩体南侧、东侧外接触带。呈残环状产于角岩化凝灰质变质砂岩、安山岩、矽卡岩中，少数产在岩体的边部。

矿区最大的 27 号矿体是以钨、锡、钼为主的综合矿体，分布在 24—48 线。总体走向近东西，倾向北，倾角 50°～65°；矿体西端主要受成矿前的第二组南侵型裂隙控制，局部倒转而倾向南，倾角 82°。平面上在西段集中，向东散开。矿体长 700m，延深 300～550m，厚 80～150m。其他矿体规模一般较小，倾角不详，长度 100～300m，延深 50～250m，厚度 1～30m，形态多呈透镜体（图 5-2）。

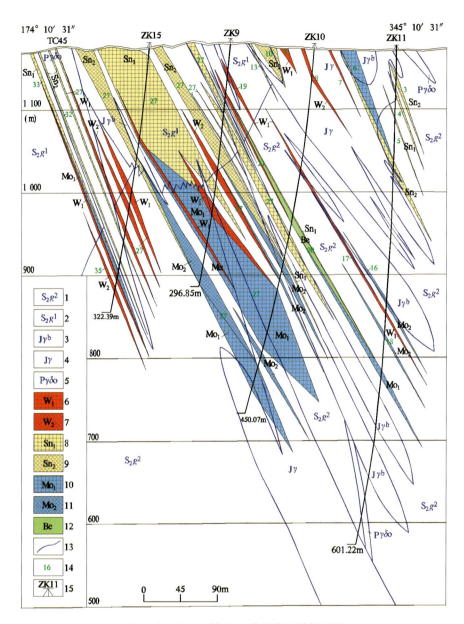

图 5-2 七一山钨矿 44 勘探线地质剖面图

1. 中志留统公婆泉组二段；2. 中志留统公婆泉组一段；3. 侏罗纪似斑状花岗岩；4. 侏罗纪中粒花岗岩；5. 二叠纪英云闪长斑岩；6. 表内钨矿；7. 表外钨矿；8. 表内锡矿；9. 表外锡矿；10. 表内钼矿；11. 表外钼矿；12. 铍矿；13. 地质界线；14. 矿体编号；15. 钻孔位置及编号

3. 矿石特征

钨矿：就赋存形式而言，矿石类型仅细网脉型一种。脉宽 0.2～2.5mm，以 1mm 左右的居多。主要以 40°～60°及 310°～320°两个方向充填于岩体边部及围岩的裂隙中，呈明显的网脉状。

矿石矿物成分复杂，矿物种类繁多，有 50 种左右。矿石矿物有黑钨矿、白钨矿、锡石、自然锡、钼铋矿、辉钼矿、钼铅矿等；脉石矿物以斜长石、条纹长石、微斜长石和石英为主，次为各种云母。根据矿物组合可将矿脉分成辉钼矿-白钨矿-石英脉、黑钨矿-白钨矿-石英脉、白云母-黑钨矿-石英脉、黄玉-白钨矿-显微钾长花岗岩脉等 7 种类型。其中以黑钨矿-白钨矿-石英脉、黑钨矿-白钨矿-花岗岩脉和白钨矿-钾长石脉为主。

白钨矿：无色带微黄色、褐黄色及乳白色，以含钼为特征。呈针柱状、他形粒状及微粒状分布在石英脉壁，分布于脉中央的呈团粒状、浸染状。粒径0.002～0.4mm。

黑钨矿：大部分呈弱偏光性，具暗蓝偏光色，少数呈强偏光性，为紫罗兰色。不同阶段的黑钨矿形状、大小都不同。早期的呈自形到半自形板柱状，粒径较大，达到0.1～0.3mm；晚期的呈他形粒状、粒径小于0.1mm的微粒，多数为0.074～0.2mm，浑圆状，组成1mm左右的集合体。黑钨矿常被白钨矿交代，并和白钨矿连生，部分氧化成钨华，仍保持黑钨矿的假象和萤石紧密共生。

矿石围岩及夹石：矿区含矿围岩主要是下中志留统的凝灰质变质砂岩、安山岩，部分为海西中期英云闪长斑岩及燕山期的花岗岩，以及部分蚀变岩类——角岩化凝灰质变质砂岩、矽卡岩和极少数的大理岩。这些含矿围岩同时也是矿体的内部夹石。

本区含矿围岩的化学成分与成矿关系不明显，但其物理性质则与成矿关系较为密切。特别明显的是，从脆性较弱到脆性较强的岩石，裂隙发育程度由弱到强，含脉率随之增高。

从含脉率和矿体分布情况来看，岩体边部及其接触带的凝灰质砂岩、花岗岩及安山岩是矿区的主要含矿围岩。尤其以凝灰质变质砂岩中的角岩化岩石的钨、锡、钼含矿性最好；部分钼、铍矿主要产于安山岩中；尚有部分锡矿产于矽卡岩及铁矿内；铷矿主要产于岩体的钠化强烈部位。

4. 矿脉分带

矿区的铷、钼、钨、锡、铍及萤石等矿化，水平分带明显，局部具垂直分带现象。水平方向，由岩体向外依次为铷矿带—钨、钼矿带；垂直方向，由上至下大致是锡矿带—钨矿带—钼矿带。

5. 矿石结构构造

脉型钨矿石结构构造简单，主要是自形—他形粒状结构和交代骸晶结构，浸染状、细脉状构造。

6. 围岩蚀变

围岩蚀变发育，主要有钠长石化、硅化、矽卡岩化、萤石化等。

7. 矿床成因及成矿时代

矿床成因：热液成因裂隙充填型矿床。
成矿时代：燕山期。

（二）矿床成矿模式

七一山式侵入岩体型钨矿矿床明显受构造控制，产于区域深大断裂旁侧的向斜核部，弧形构造弧顶偏东的构造转折部位。有益元素呈网状细脉及浸染状形式赋存于岩体边缘及其接触带围岩的次级羽毛状裂隙中。七一山式钨矿成矿模式如图5-3所示。

岩体及围岩的蚀变发育，有钠长石化、硅化、矽卡岩化、萤石化等，不同的蚀变则往往与不同的矿化有关，钨钼矿与硅化关系密切，锡矿与矽卡岩化、角岩化关系密切，铷矿与钠长石化关系密切，萤石化常常形成萤石矿。

矿石矿物成分复杂，有用矿物有白钨矿、黑钨矿、辉钼矿、锡石、辉铋矿、磁铁矿、绿柱石、孔雀石及萤石等。

矿区燕山早期中粒花岗岩含W、Mo、Sn、Be、Bi等微量元素丰度值高出同类贫钙花岗岩几倍至几十倍。

成矿的多期性明显，常见不同期次的含钨细脉穿插，以及含钨石英脉截穿钨矿脉的现象。有益元素分布具明显的分带性。

含矿围岩的物理性差异与成矿关系密切。燕山早期含矿热液侵位于近北东向和北北东向断裂构造裂隙中富集成矿。该期花岗岩脉是矿区主要赋矿体。

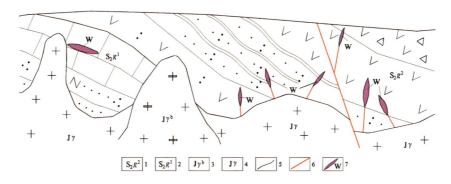

图 5-3　七一山式钨矿典型矿床成矿模式图

1. 中志留统公婆泉组二段；2. 中志留统公婆泉组一段；3. 侏罗纪似斑状花岗岩；4. 侏罗纪中粒花岗岩；5. 地质界线；6. 断层；7. 钨矿脉

二、典型矿床地球物理特征

1. 重力特征

七一山钨钼矿位于布格重力异常等值线梯级带同向扭曲处，Δg 为 $(-188.00 \sim -184.00) \times 10^{-5} \mathrm{m/s}^2$，其南部是 Δg 为 $-194.33 \times 10^{-5} \mathrm{m/s}^2$ 的布格重力低值区。在剩余重力异常图上，七一山式钨钼矿位于 G 蒙-844 正异常与 L 蒙-845 负异常交接带附近，剩余重力异常值约为 $-2 \times 10^{-5} \mathrm{m/s}^2$。G 蒙-844 的剩余重力异常值 Δg 为 $6.4 \times 10^{-5} \mathrm{m/s}^2$，对应于古生代地层；L 蒙-845 的剩余重力异常值 Δg 为 $-7.58 \times 10^{-5} \mathrm{m/s}^2$，根据物性参数推测，该负异常连同其西侧负异常是由中酸性岩浆岩带引起的，钨钼矿处于此岩浆岩带北部边缘。由重力场特征推断，区内存在北东向与北西向断裂构造（图 5-4）。

2. 地磁特征

据 1∶5 万地磁化极图显示，背景场表现为低缓的正磁场，磁异常呈串珠状沿北西方向延伸，如图 5-5 所示。

三、地球化学特征

矿区存在 Cu、Pb、Zn、Ni、W、Sn、Mo、Be 等元素的组合异常，W、Sn、Mo 为主要的成矿元素，地层中主要成矿元素含量多高于地壳克拉克值；岩体中 Cu、Pb、Zn、Co、Ni、Sn、Mo、W 等成矿元素含量高于贫钙花岗岩克拉克值。W 元素异常如图 5-6 所示。

四、矿床预测模型

根据典型矿床成矿要素和地球物理、地球化学等特征，确定典型矿床预测要素，编制成矿要素（表 5-1）。

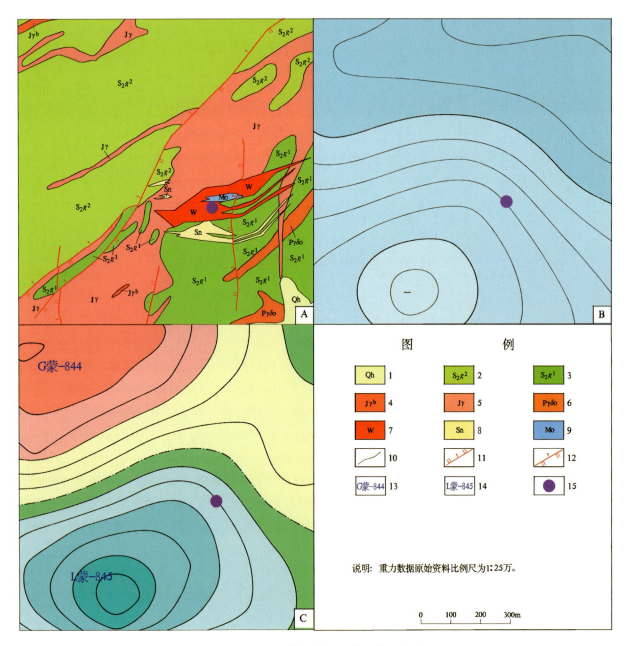

图 5-4 七一山钨矿典型矿床重力异常图

A. 地质矿产图;B. 布格重力异常平面图;C. 剩余重力异常平面图;1. 全新统;2. 中志留统公婆泉组二段;3. 中志留统公婆泉组一段;
4. 侏罗纪似斑状花岗岩;5. 侏罗纪中粒花岗岩;6. 二叠纪英云闪长斑岩;7. 钨矿体;8. 锡矿体;9. 钼矿体;10. 地质界线;11. 正断层;
12. 逆断层;13. 剩余重力正异常编号;14. 剩余重力负异常编号;15. 钨矿位置

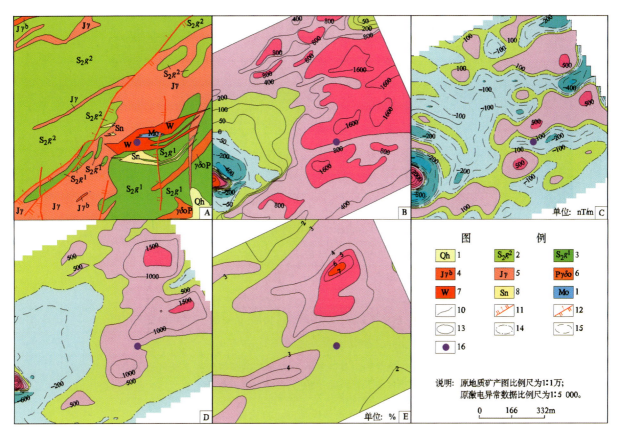

图 5-5 七一山式钨矿典型矿床地质矿产及物探剖析图

A. 地质矿产图;B. 地磁 ΔZ 等值线平面图(nT);C. 地磁 ΔZ 化极垂向一阶导数等值线平面图;D. 地磁 ΔZ 化极等值线平面图(nT);E. 视极化率 η 异常等值线平面图;1. 全新统;2. 中志留统公婆泉组二段;3. 中志留统公婆泉组一段;4. 侏罗纪似斑状花岗岩;5. 侏罗纪中粒花岗岩;6. 二叠纪英云闪长斑岩;7. 钨矿体;8. 锡矿体;9. 钼矿体;10. 地质界线;11. 正断层;12. 逆断层;13. 正等值线;14. 零等值线;15. 负等值线;16. 钨矿位置

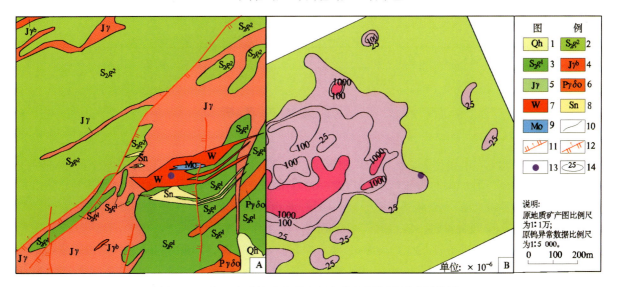

图 5-6 七一山式钨矿典型矿床地质矿产及 W 元素异常图

A. 地质矿产图;B. W 元素异常等值线平面图;1. 全新统;2. 中志留统公婆泉组二段;3. 中志留统公婆泉组一段;4. 侏罗纪似斑状花岗岩;5. 侏罗纪中粒花岗岩;6. 二叠纪英云闪长斑岩;7. 钨矿体;8. 锡矿体;9. 钼矿体;10. 地质界线;11. 正断层;12. 逆断层;13. 钨矿位置;14. W 异常等值线

表 5-1 七一山式热液脉型钨矿典型矿床成矿要素表

典型矿床成矿要素		内容描述			要素类别
储量		13 756.6t	平均品位	WO_3 0.174%	
特征描述		热液脉型钨矿床			
地质环境	构造背景	天山-兴蒙构造系（Ⅰ）额济纳旗-北山弧盆系（Ⅰ-9）公婆泉岛弧（Ⅰ-9-4）（O—S）			必要
	成矿环境	塔里木成矿省（Ⅱ-4）磁海-公婆泉铁、铜、金、铅、锌、钨、锡、铷、钒、铀、磷成矿带（Pt、Cel、Vml，I—Y）（Ⅲ-2）石板井-东七一山钨、锡、铷、钼、铜、铁、金、铬、萤石成矿亚带（Ⅲ-2-①）（C、V）东七一山-索索井钨、钼、铜、铁、萤石矿集区（V-5）			必要
	成矿时代	燕山期			必要
矿床特征	矿体形态	矿体呈脉状，部分透镜状			重要
	岩石类型	凝灰质变质砂岩、安山岩和少数矽卡岩、大理岩和燕山早期的花岗岩			重要
	岩石结构	变余砂状结构、斑状结构、中粒花岗结构			次要
	矿物组合	矿石矿物：辉钼矿、白钨矿、黑钨矿、锡石、钼铋矿、钼铅矿、辉铋矿。脉石矿物：斜长石、条纹长石、微斜长石、石英等			重要
	结构构造	结构：自形—他形粒状结构和交代骸晶结构。构造：浸染状、细脉状构造			次要
	蚀变特征	钠长石化、钾长石化、叶腊石化、云英岩化、黄玉化、萤石化			次要
	控矿条件	矿区位于区域复向斜核部的南翼。岩体边部及其接触带的凝灰质砂岩、花岗岩及安山岩是矿区的主要含矿围岩。北东向逆断层、南北向正断层为主要的控矿断裂构造			必要
地球物理特征	重力异常	钨钼矿位于布格重力异常等值线梯级带同向扭曲处，Δg 为 $(-188.00 \sim -184.00)\times 10^{-5}\,m/s^2$。位于剩余重力异常图正异常与负异常交接带附近，剩余重力异常值约为 $-2\times 10^{-5}\,m/s^2$			重要
	磁法异常	地磁化极背景场表现为低缓的正磁场，磁异常呈串珠状沿北西方向延伸			次要
地球化学特征		矿区存在 Cu、Pb、Zn、Ni、W、Sn、Mo、Be 等元素的组合异常，W、Sn、Mo 为主要的成矿元素，地层中主要成矿元素含量多高于地壳克拉克值；岩体中 Cu、Pb、Zn、Co、Ni、Sn、Mo、W 等成矿元素含量高于贫钙花岗岩克拉克值			重要

第二节 预测工作区研究

内蒙古自治区七一山式侵入岩体型钨矿预测工作区隶属内蒙古自治区阿拉善盟额济纳旗，地理坐标东经为 99°00′00″—100°30′00″，北纬 41°00′00″—42°00′00″。预测工作区地理底图比例尺为 1:20 万。

大地构造位置跨天山-兴蒙构造系（Ⅰ）额济纳旗-北山弧盆系（Ⅰ-9）公婆泉岛弧（Ⅰ-9-4）（O—S）和敦煌陆块（Ⅲ-2）柳园裂谷（Ⅲ-2-1）（C—P）（图 2-1）。

成矿区带属塔里木成矿省（Ⅱ-4）磁海-公婆泉铁、铜、金、铅、锌、钨、锡、铷、钒、铀、磷成矿带（Ⅲ-2）（Pt、Cel、Vml，I—Y）石板井-东七一山钨、锡、铷、钼、铜、铁、金、铬、萤石成矿亚带（Ⅲ-2-①）（C、V）东七一山-索索井钨、钼、铜、铁、萤石矿集区（V-5）和阿木乌苏-老硐沟金、钨、萤石成矿亚带（Ⅲ-2-②）（V）阿木乌苏-老硐沟金、钨、锑矿集区（V-6）（图 2-2）。

一、区域地质特征

1. 成矿地质背景

预测工作区地层从老到新有中元古界古硐井群,志留系圆包山组、公婆泉组,下白垩统赤金堡组,上新统苦泉组及全新统。其中圆包山组、公婆泉组为控矿要素。中元古界古硐井群为灰色变质泥岩、泥质粉砂岩,粉砂岩夹大理岩。下志留统圆包山组,分布在预测工作区南西部,为一套陆源碎屑岩及火山碎屑岩组合。中志留统公婆泉组,遍布整个矿区,为一套火山熔岩、火山碎屑岩及化学沉积碳酸盐岩组合。下白垩统赤金堡组为黄褐色砂砾岩及粗砂岩,角度不整合于圆包山组、公婆泉组及海西期和燕山期的花岗岩之上。上新统苦泉组,分布于矿区西段,为砖红色泥砂质砾岩、砂岩。角度不整合于志留纪大理岩及燕山期花岗岩之上。全新统冲积物、残坡积物,砂土及岩石碎块,分布于沟谷及低缓山坡。

预测工作区内侵入岩主要为晚石炭世石英闪长岩、花岗闪长岩和晚三叠世二长花岗岩。在七一山钨矿区则为侏罗纪黑云母花岗岩、似斑状花岗岩及二叠纪英云闪长斑岩,侏罗纪黑云母花岗岩及似斑状花岗岩与成矿密切相关。

三个井地区花岗岩呈北西向条带状延伸,侵入晚石炭世花岗闪长岩、英云闪长岩和晚三叠世二长花岗岩。岩石为肉红色、粗粒结构,岩石由钾长石、斜长石、石英及云母组成。

七一山地区花岗岩岩性由粗粒花岗岩和似斑状花岗岩组成。岩石的基本颜色为浅肉红色,由于受到钠长石化的影响,部分变成灰白色。岩石类型也发生了相应的变化。

浅肉红色中粗粒似斑状花岗岩:钾长石呈他形粒状,粒径1~8mm,其成分为反条纹长石,有钠长石化现象,含量55%~60%,其中有10%左右自形晶斑晶;斜长石呈自形宽板状,粒径0.5~1.5mm,为更钠长石—钠长石,含量5%~10%;石英呈他形粒状,粒径0.5~2mm,含量25%~30%;云母呈褐色,含量5%。

灰白色中粒黑云母花岗岩:岩石为变余花岗结构,自形粒状变晶结构。岩石因受到后期富含钠热液作用,使岩石中30%~35%的矿物被钠长石所交代,在残留的原岩矿物周围及中间,均有钠长石交代现象。现有矿物成分为钾长石、石英、钠长石和云母。

预测工作区褶皱构造由于受到侵入岩体的影响,局部地段发生倒转。矿床位置处于复式向斜构造的南翼,在局部为一走向近东西、倾向北、倾角64°~72°的单斜构造。

断裂构造发育,主要有近东西向逆断层、北东向逆断层、南北向正断层、北北东向正断层4组,断层均属成矿前控矿构造,但有的在成矿后仍继续活动。

预测工作区除少数规则平整、延伸较长的剪切裂隙外,主要是成矿前复杂的网状裂隙,被含钨石英脉及长英质细脉充填,是控矿裂隙,方向为NE40°~60°及NW300°~320°两组。成矿后裂隙不发育,切穿含钨石英脉,走向为NW300°~310°。

2. 区域成矿模式

七一山式侵入岩体型钨矿预测工作区大地构造跨天山-兴蒙构造系(Ⅰ)额济纳旗-北山弧盆系(Ⅰ-9)公婆泉岛弧(Ⅰ-9-4)(O—S)东七一山钨、钼、萤石矿集区(Ⅵ)(V_{14}^{1-1})和敦煌陆块(Ⅲ-2)柳园裂谷(Ⅲ-2-1)(C—P)阿木乌素-鹰嘴红山钨、锑矿集区(Y、Ⅵ)(V_{14}^{2-1})。预测工作区内有七一山中型钨矿床和鹰嘴红山小型钨矿床。

赋矿地质体:侏罗纪花岗岩,二叠纪英云闪长斑岩、凝灰质变质砂岩、安山岩、灰岩及大理岩。

矿床处于近东西向与北东向断裂构造附近,区内北东—北北东向断裂构造为主要控矿构造,具多期性、叠加性等特点。

成矿期为燕山期。七一山式钨矿区域成矿模式图如图5-7所示,预测工作区成矿要素见表5-2。

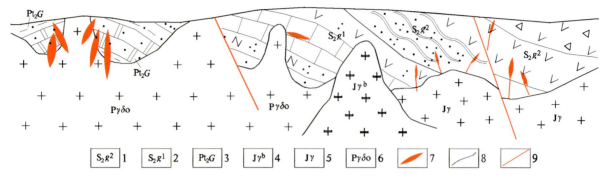

图 5-7 七一山式钨矿区域成矿模式图

1. 中志留统公婆泉组二段；2. 中志留统公婆泉组一段；3. 中元古界古硐井群；4. 侏罗纪似斑状花岗岩；5. 侏罗纪中粒花岗岩；
6. 二叠纪英云闪长斑岩；7. 钨矿脉；8. 地质界线；9. 断层

表 5-2 内蒙古自治区七一山式热液脉型钨矿预测工作区成矿要素表

区域成矿要素		描述内容	要素类别
地质环境	大地构造位置	天山-兴蒙构造系（Ⅰ）额济纳旗-北山弧盆系（Ⅰ-9）公婆泉岛弧（Ⅰ-9-4）（O—S）和塔里木陆块区（Ⅲ）敦煌陆块（Ⅲ-2）柳园裂谷（Ⅲ-2-1）（C—P）	必要
	成矿区（带）	塔里木成矿省（Ⅱ-4）磁海-公婆泉铁、铜、金、铅、锌、钨、锡、铷、钒、铀、磷成矿带（Ⅲ-2）（Pt,Cel,Vml,Ⅰ-Y）石板井-东七一山钨、锡、铷、钼、铜、铁、金、铬、萤石成矿亚带（Ⅲ-2-①）（C,V）东七一山-索索井钨、钼、铜、铁、萤石矿集区（V-5）和阿木乌苏-老硐沟金、钨、锑、萤石成矿亚带（Ⅲ-2-②）（V）阿木乌苏-老硐沟金、钨、锑矿集区（V-6）	必要
	区域成矿类型及成矿时代	成矿类型：热液脉型。成矿时代：燕山期	必要
控矿地质条件	赋矿地质体	凝灰质变质砂岩、安山岩、灰岩及大理岩	必要
	控矿侵入岩	侏罗纪花岗岩，二叠纪英云闪长斑岩	重要
	主要控矿构造	由北东—北北东向断裂构造所产生的次一级复杂的网状裂隙是主要的含矿构造裂隙	重要
区内相同类型矿产		1个中型钨矿床和1个钨矿点	重要

二、区域地球物理特征

1. 重力特征

预测工作区区域重力场基本为北北西走向的重力梯级带，其上叠加局部重力等值线呈近东西向同向扭曲，总体反映北东部重力高、南西部重力低的特点。预测工作区内重力异常值在（-204.32～-159.63）×10^{-5}m/s^{2}之间变化。在剩余重力异常图中反映出剩余重力正、负异常相间排列呈近东西向展布的特点。预测工作区东部重力相对高区域重力等值线稀疏，属于重力平稳过渡带，在剩余重力异常图中反映为近东西向的正、负重力异常相间排列，并呈条带状近东西向展布。预测工作区西部等值线相对密集并向北西向延伸，在剩余重力异常图中表现为近东西向展布的串珠状正负异常。

根据地质资料，预测工作区东部大部分地区被第四系覆盖，并局部出露古生代、元古宙地层，因此推断此区域的正、负带状剩余重力异常分别为古生代、元古宙地层和中—新生代盆地所引起；部分带状剩余重力负异常,地表局部出露石炭纪花岗岩,推测是 S 型花岗岩带东部延伸带。预测工作区西部的正、负带状剩余重力异常,地表古生代地层出露广泛,分别推断为古生代、元古宙地层和中酸性岩体引起;其中部分椭圆状剩余重力正异常伴有航磁异常,根据地质资料,地表见基性岩体出露,由此推断该类剩余重力正异常为基性岩体的反映。预测工作区南西部的等值线密集带,推断为一级断裂。据 1:50 万航磁化极等值线平面图可知,预测工作区大部分处于低缓的负磁场背景中,预测工作区北部、南部出现条带状正异常,走向近东西向。

额济纳旗七一山式钨钼矿位于局部重力低值区域,在剩余重力异常图中反映为 L 蒙-845 带状负异常北缘,此处可见局部出露石炭纪花岗岩,钨钼矿在岩体边缘与志留系的接触带上,表明该类矿床与古生代地层及酸性岩体有关。

截取一条剖面进行 2D 重力剖面反演,岩体最大延深约为 3.7km。

在该预测工作区推断解释断裂构造 47 条,中—酸性岩体 5 个,地层单元 9 个,中—新生代盆地 6 个。

2. 航磁特征

预测工作区在 1:25 万航磁 ΔT 等值线平面图上磁异常值范围为 $-2\,400\sim800\mathrm{nT}$,背景值为 $0\sim100\mathrm{nT}$,预测工作区磁场较平缓,在预测工作区北部和南部分别有一条带状高值异常,轴向近东西向,北侧伴生负异常。七一山式钨矿位于预测工作区中南部,椭圆状高值异常区附近。

推断断裂走向多为北西西向,走向与磁异常轴一致。预测工作区北部和南部带状高值异常推断解释为侵入岩体,中南部强度不大的磁异常带推断解释为蚀变带,北东部小范围规则形态磁异常推断为中酸性侵入岩体。

综合磁法和地质信息,共推断断裂 10 条、侵入岩体 7 个、蚀变带 2 个。

三、区域地球化学特征

区域上分布有 Au、Ag、W、As、Sb 等元素组成的高背景区带,在高背景区带中有以 Au、Ag、W、As、Sb 为主的多元素局部异常。预测工作区内共有 50 个 Ag 异常,45 个 As 异常,102 个 Au 异常,60 个 Cd 异常,32 个 Cu 异常,42 个 Mo 异常,47 个 Pb 异常,49 个 Sb 异常,75 个 W 异常,33 个 Zn 异常。

As、W、Sb 元素异常主要分布在预测工作区南部,存在多处浓集中心,浓集中心明显,异常强度高,范围较大,W、Sb 元素存在明显的组合异常;Au 元素多呈高背景分布,具明显的浓度分带和浓集中心;Cd 元素呈背景、高背景分布,在七一山以南地区存在一条东西向的浓度分带,有多处浓集中心,浓集中心呈东西向串珠状展布;Cu 元素在七一山附近呈高背景分布,存在多处浓集中心;Ag、Zn、Pb 元素呈背景、低背景分布,Pb 元素在预测工作区南部存在局部异常。

预测工作区元素异常套合较好,有 AS1、AS2 和 AS3,W、Mo 异常套合较好,其中 AS3 的异常范围较大。

四、自然重砂特征

据 1:20 万自然重砂资料,预测工作区共圈出 5 个钨矿异常,其中 Ⅰ 级 1 个、Ⅱ 级 1 个、Ⅲ 级 3 个,利用拐点法确定背景值及异常下限,下限为 15 粒。

五、遥感影像及解译特征

1. 构造解译

预测工作区内解译出巨型断裂带即红柳河-洗肠井断裂带 1 条,该断裂带在预测工作区南部呈北西西向展布,且贯穿预测工作区,两侧地层较复杂(图5-8)。

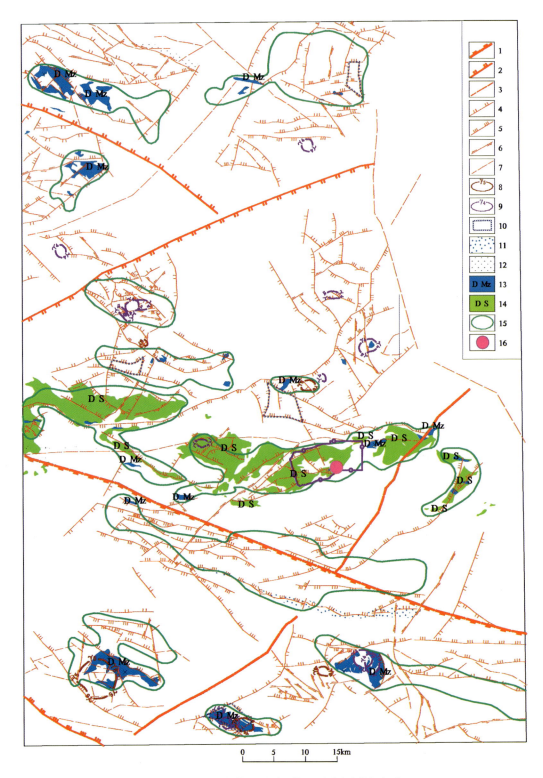

图5-8 七一山式钨矿预测工作区遥感解译图(部分)

1.板块缝合带;2.大型正断层;3.大型性质不明断层;4.小型正断层;5.小型逆断层;6.小型平移断层;7.小型性质不明断层;8.中生代花岗岩类引起的环形构造;9.古生代花岗岩类引起的环形构造;10.构造块体;11.青磐岩化;12.侵入岩体内外接触带及残留顶盖;13.燕山期花岗岩钨矿含矿层位;14.志留系钨矿含矿层位;15.最小预测区边范围;16.钨矿点

共解译出大型构造5条,由西到东为赛音呼都格南西构造、黑鹰山北张性构造、三零五推断构造、向阳庄推断构造等。其中西部的三零五推断构造和向阳庄推断构造为北东走向分布,其余3条大型构造走向为南东向,构造格架比较清晰。

共解译出中小型构造335条,主要有近东西向逆断层、北东向逆断层、南北向正断层和北北东向断层4组,均属成矿前的控矿构造,但根据断层的相互关系判断成矿后仍在继续活动。裂隙除少数规则平整、延伸较长的剪切裂隙外,主要是复杂的网状裂隙,网状裂隙是多期构造活动的产物,是控制含钨、钼的石英脉及长英质细脉的主要裂隙。

预测工作区内的环形构造比较发育,共解译出环形构造23个,其成因为中生代花岗岩类和古生代花岗岩类引起的环形构造。环形构造分布相对比较集中,基本分布在构造线要素比较密集的区域,而其空间分布特点上没有明显的规律。形成中生代环形构造的为燕山期侵入岩,为预测工作区最发育的侵入岩,呈不规则岩株侵入古硐井群与公婆泉组的断层接触带及公婆泉组的中下部,岩体呈北东向延伸,七一山花岗岩体为黑云母花岗岩、花岗斑岩两次岩浆侵入形成的复式岩体。中粒花岗岩是七一山岩体的基础骨架,似斑状花岗岩仅见于矿区中部。

2. 赋矿及控矿地质体

赋矿地层主要为志留系圆包山组,分布在矿区南西部,为一套陆源碎屑岩系及火山碎屑岩系。根据岩性分上、下两个段,下段主要为大理岩,局部地段相变为凝灰质变砂岩,分布于矿区南部及以西大部分地区。上段大致可分为安山岩、角砾凝灰安山岩、安山质角砾凝灰岩及次安山岩,下部安山岩中见大理岩及凝灰质变砂岩透镜体,广泛分布于七一山及其以北的广大地区。

控矿侵入岩为燕山期花岗岩体边部以及岩体内的裂隙构造。

3. 遥感异常分布特征

预测工作区的羟基异常主要分布在中部地区和南部地区,其余地区零星分布。铁染异常主要呈带状和小片状分布在北部地区,其余地区有零星分布。

4. 遥感矿产预测分析

综合上述遥感特征,七一山式热液型脉状钨预测工作区共圈定出14个最小预测区。

(1)1310高地最小预测区:小型构造密集区,燕山期侵入体存在,显示有小片状羟基和铁染异常信息。

(2)1130高地最小预测区:构造密集区,燕山期侵入体存在,羟基和铁染异常信息较为密集分布在该区北部。

(3)1210高地最小预测区:若干小型构造通过该区,燕山期侵入体存在,羟基和铁染异常信息呈小片状于该区无规则分布。

(4)1220高地最小预测区:该区内若干小型构造相交,环形构造在区域内有明显印迹,但地表无出露,有羟基和铁染异常信息稀疏无规则分布。

(5)1289高地最小预测区:该区内若干小型构造相交,燕山期侵入体存在,有羟基和铁染异常信息稀疏无规则分布,位于含矿地层内。

(6)1349高地最小预测区:若干小型构造交集该区,志留纪赋矿地质体和燕山期侵入体在此区出现。

(7)1223高地最小预测区:该区内若干小型构造相交,环形构造在区域内有明显印迹,但地表无出露,有燕山期侵入体存在。

(8)萤石矿区最小预测区:若干小型构造通交集该区,志留纪赋矿地层和燕山期侵入体在此区出现,有羟基和铁染异常信息稀疏无规则分布。该区有七一山钨矿。

(9)1104高地最小预测区:北东向两条断裂交会于此,该区内有志留纪赋矿地质体和燕山期侵入体,条带状羟基异常在区域内分布。

(10)1147高地最小预测区:若干小型构造交集该区,区内有明显蚀变带,并且有羟基和铁染异常信息稀疏带状分布。

(11)1641高地最小预测区:该区内若干小型构造相交,有羟基和铁染异常信息稀疏无规则分布,位于志留纪赋矿地质体。

(12)1434高地最小预测区:若干小型构造通过该区,有羟基和铁染异常信息稀疏无规则分布,位于志留纪赋矿地质体。

(13)1465高地最小预测区:红柳河-洗肠井断裂带派生的小型构造在区域内通过,有条带状羟基异常分布在区域北部。

(15)1242高地最小预测区:若干小型构造通过该区,有羟基和铁染异常信息稀疏无规则分布。

五、区域预测模型

根据预测工作区区域成矿要素和航磁、重力、遥感及自然重砂等特征,总结出预测要素见表5-3,预测模型见图5-9。

表5-3 七一山式热液脉型钨矿预测工作区预测要素表

区域成矿(预测)要素		描述内容	要素类别
地质环境	大地构造位置	天山-兴蒙构造系(Ⅰ)额济纳旗-北山弧盆系(I-9)公婆泉岛弧(I-9-4)(O—S)和塔里木陆块区(Ⅲ)敦煌陆块(Ⅲ-2)柳园裂谷(Ⅲ-2-1)(C—P)	必要
	成矿区带	塔里木成矿省(Ⅱ-4)磁海-公婆泉铁、铜、金、铅、锌、钨、锡、铷、钒、铀、磷成矿带(Ⅲ-2)(Pt、Cel、Vml、I—Y)石板井-东七一山钨、锡、铷、铜、铁、金、铬、萤石成矿亚带(Ⅲ-2-①)(C、V)东七一山-索索井钨、钼、铜、铁、萤石矿集区(V-5)和阿木乌苏-老硐沟金、钨、锑、萤石成矿亚带(Ⅲ-2-②)(V)阿木乌苏-老硐沟金、钨、锑矿集区(V-6)	必要
	区域成矿类型及成矿时代	成矿类型:热液脉型;成矿时代:燕山期	必要
控矿地质条件	赋矿地质体	志留纪地层为主要控制地层,次为侏罗纪地层	必要
	控矿侵入岩	燕山期花岗岩体边部以及岩体内的裂隙构造	重要
	主要控矿构造	断裂构造控制着燕山期花岗岩体和与岩体有关的矿体属控矿构造,由此构造所产生的次一级复杂的网状裂隙是主要的含矿构造裂隙	重要
区内相同类型矿产		1个中型钨矿床和1个钨矿点	重要
物化探特征	地球物理特征	航磁	预测工作区磁场较平缓,在预测工作区北部和南部分别有一条带状高值异常,轴向近东西向,北侧伴生负异常。七一山式钨矿位于预测工作区中南部,椭圆状高值异常区附近	重要
		重力	预测工作区区域重力场总体反映东北部重力高,南西部重力低的特点。有一条北西走向纵贯预测工作区的重力梯级带,其上叠加局部重力等值线近东西向同向扭曲,预测工作区内重力场值在$(-204.32\sim-159.63)\times10^{-5}\text{m/s}^2$之间变化。在剩余重力异常图中反映出剩余重力正、负异常相间排列呈近东西向展布的特点。预测工作区东部重力相对高区域重力等值线稀疏,在剩余重力异常图中反映为近东西向的条带状正、负重力异常相间排列。预测工作区西部等值线相对密集并向北西向延伸,在剩余重力异常图中表现为近东西向展布串珠状正负异常	重要
	地球化学特征		预测工作区西部主要分布有Au、Cu、Zn、Cd、Mo等元素异常,南部分布有As、Sb、Pb、Zn、W、Mo等元素异常,W元素浓集中心明显,异常强度高	重要
	遥感特征		环形要素(推测隐伏岩体)	重要

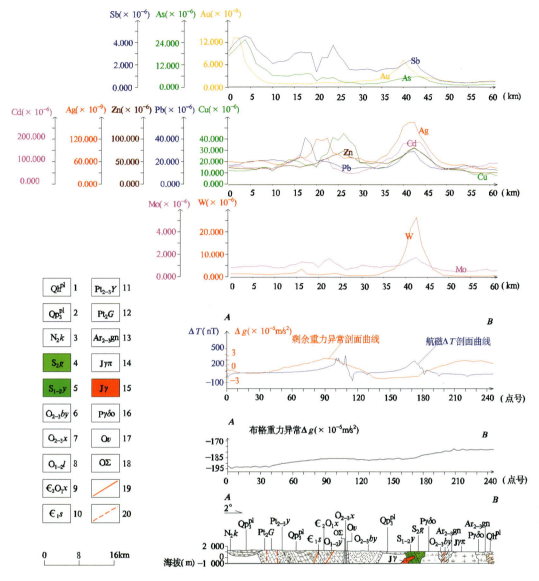

图 5-9　七一山式钨矿预测工作区预测模型图

1. 全新统洪积物；2. 上更新统洪积物；3. 上新统苦泉组；4. 中志留统公婆泉组；5. 下中志留统圆包山组；6. 中上奥陶统白云山组；7. 西双鹰山组；8. 罗雅楚山组；9. 咸水湖组；10. 双鹰山组；11. 圆藻山群；12. 中元古界古硐井群；13. 中新太古界片麻岩组；14. 侏罗纪花岗斑岩；15. 侏罗纪花岗岩；16. 二叠纪英云闪长岩；17. 奥陶纪辉长岩脉；18. 奥陶纪超基性岩脉；19. 断层；20. 推测断层

第三节　矿产预测

一、综合地质信息定位预测

1. 变量提取及优选

根据典型矿床成矿要素、预测要素研究及预测底图比例尺，进行综合信息预测要素提取，本次选择网格方法作为预测单元，确定网格间距为 2.5km×2.5km，图面网格间距为 20mm×20mm。

根据对典型矿床成矿要素及预测要素的研究,选取以下变量。

地层:志留纪地层为主要控制地层。

侵入岩:晚侏罗世中粒花岗岩、似斑状花岗岩。

构造:近东西向及北东向断裂构造,并根据断层的规模做500m的缓冲区。

遥感:用于推测隐伏岩体存在的遥感环要素和遥感断裂解译结果。

重力:剩余重力起始值多在$(-3\sim5)\times10^{-5}\,\mathrm{m/s^2}$之间。

航磁:航磁ΔT化极异常强度起始值多在100~1 000nT之间。

化探:W元素化探异常起始值大于1.7×10^{-6}。

已知矿床(点):目前收集到的有2处,其中中型矿床1处、矿点1处。

自然重砂:Ⅰ~Ⅲ级异常。

2. 最小预测区圈定及优选

预测工作区内有1个已知矿床和1个矿点,因此采用MRAS矿产资源GIS评价系统中少预测模型工程,添加地质体、断层、W元素化探异常、剩余重力异常、航磁化极、遥感线要素、已知矿床(点)等必要要素,利用网格单元法进行定位预测。采用空间评价中数量化理论Ⅲ、聚类分析、神经网络分析等方法进行预测,比照各类方法的结果,确定采用神经网络分析法进行评价,再结合综合信息法叠加各预测要素圈定最小预测区,并进行优选。形成的色块图,叠加各预测要素,对色块图进行人工筛选,根据种子单元赋颜色,选择七一山式钨矿床所在单元为种子单元。

根据圈定的最小预测区范围,选择七一山式典型钨矿床所在的最小预测区为模型区,模型区内出露的地质体为圆包山组黄白色条带状大理岩、灰绿色硅质岩夹石英砂岩、砂质灰岩及公婆泉组灰绿色安山岩、杏仁状安山岩、绿帘石化安山岩,W元素化探异常起始值大于1.7×10^{-6},模型区内南西方向有一处侏罗纪岩体出露,模型区外南西方向有一重力异常,指示隐伏岩体的存在。

预测工作区采用有模型预测工程进行预测,预测过程中采用人工对比预测要素,比照形成的色块图,最终确定采用聚类分析法作为本次工作的预测方法。

3. 最小预测区圈定结果

本次工作共圈定最小预测区45个,其中A级4个、B级18个、C级23个(表5-4,图5-10)。

表5-4 七一山式侵入岩体型钨矿预测工作区最小预测区一览表

序号	最小预测区编号	最小预测区名称	序号	最小预测区编号	最小预测区名称
1	A1508203001	1060高地	24	C1508203002	1176高地
2	A1508203002	七一山	25	C1508203003	1100高地南西
3	A1508203003	1367高地南东	26	C1508203004	1220高地
4	A1508203004	1465高地南	27	C1508203005	1258高地
5	B1508203001	1014高地	28	C1508203006	1217高地
6	B1508203002	1039高地	29	C1508203007	1289高地南西
7	B1508203003	1310高地南	30	C1508203008	1349高地东
8	B1508203004	1210高地	31	C1508203009	1159高地南
9	B1508203005	1269高地	32	C1508203010	1223高地北
10	B1508203006	1354高地	33	C1508203011	1349高地南西
11	B1508203007	1380高地北西	34	C1508203012	1113高地

续表 5-4

序号	最小预测区编号	最小预测区名称	序号	最小预测区编号	最小预测区名称
12	B1508203008	1375 高地	35	C1508203013	1131 高地北东
13	B1508203009	1290 高地	36	C1508203014	1104 高地
14	B1508203010	1113 高地南西	37	C1508203015	1511 高地
15	B1508203011	1517 高地	38	C1508203016	1488 高地
16	B1508203012	1201 高地	39	C1508203017	1442 高地
17	B1508203013	1550 高地	40	C1508203018	1278 高地北西
18	B1508203014	1592 高地	41	C1508203019	1248 高地
19	B1508203015	1308 高地北	42	C1508203020	1325 高地东
20	B1508203016	1368 高地南东	43	C1508203021	1502 高地
21	B1508203017	1604 高地	44	C1508203022	1242 高地
22	B1508203018	1356 高地	45	C1508203023	1301 高地
23	C1508203001	1065 高地			

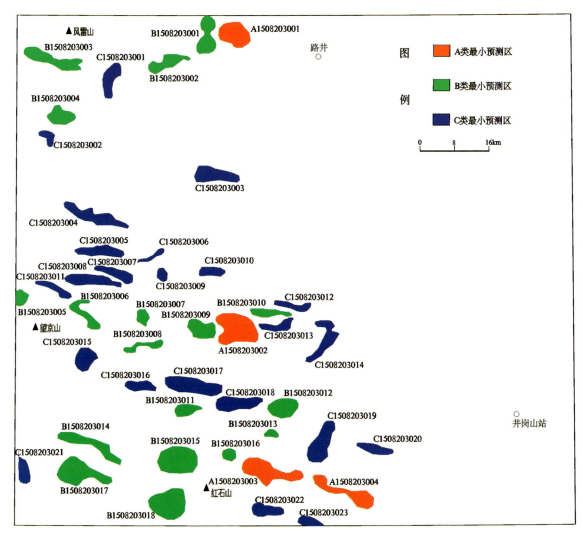

图 5-10 七一山式侵入岩体型钨矿预测工作区最小预测区示意图

4. 最小预测区地质评价

预测工作区隶属内蒙古自治区阿拉善盟额济纳旗管辖,属中纬度低山丘陵区,地形较复杂,为构造剥蚀堆积与山前荒漠戈壁和风沙区,交通不便,劳动力缺乏,生产和生活用品均从外地调入。氧化矿适宜露天开采,原生矿也以大规模机械化露天开采为宜,有利于降低采矿成本。各最小预测区成矿条件及找矿潜力见表5-5。

表5-5 七一山式热液脉型钨矿最小预测区成矿条件及找矿潜力一览表

最小预测区编号	最小预测区名称	最小预测区成矿条件及找矿潜力
A1508203001	1060高地	W元素化探异常起始值大于3.7×10^{-9},浓集中心明显。位于重力异常边缘,有一Ⅲ级自然重砂异常,附近有较多的遥感解译蚀变,找矿潜力较大
A1508203002	七一山	出露的地质体为公婆泉组与圆包山组,W元素化探异常起始值大于3.7×10^{-6},位于重力异常北东方向。断裂较发育,七一山钨矿床位于区内,遥感解译异常明显,找矿潜力巨大
A1508203003	1367高地南东	出露的白垩纪二长花岗岩,W元素化探异常起始值大于3.7×10^{-6},断裂十分发育,遥感解译环形构造明显,指示有隐伏岩体存在,找矿潜力巨大
A1508203004	1465高地南	W元素化探异常起始值大于3.7×10^{-6},位于较大断裂北侧,有一重力异常,指示有隐伏岩体存在,找矿潜力巨大
B1508203001	1014高地	W元素化探异常起始值大于3.7×10^{-9},浓集中心明显,规模不大,位于重力异常边缘及Ⅲ级自然重砂异常西缘,附近有较多的遥感解译蚀变,找矿潜力较大
B1508203002	1039高地	W元素化探异常起始值大于1.7×10^{-9},浓集中心明显,规模不大,有一白垩纪花岗岩岩株出露,脉岩发育,遥感解译断裂发育,找矿潜力较大
B1508203003	1310高地南	出露白垩纪花岗岩,断裂发育,主要为北东向,位于重力异常北部,找矿潜力较大
B1508203004	1210高地	出露白垩纪花岗岩岩株,断裂发育,主要为北西向,位于重力异常中心部位及Ⅱ级重砂异常带内,找矿潜力较大
B1508203005	1269高地	出露地质体为公婆泉组,出露岩体为白垩纪花岗岩岩株,断裂发育一般,位于重力异常中心部位,找矿潜力较大
B1508203006	1354高地	出露地质体为公婆泉组及圆包山组,断裂发育,位于重力异常中心部位,角岩化蚀变发育,找矿潜力较大
B1508203007	1380高地北西	出露地质体为公婆泉组,模型区内断裂发育,W元素化探异常起始值大于1.7×10^{-9},位于重力异常边部位,矽卡岩化、硅化蚀变发育,找矿潜力较大
B1508203008	1375高地	出露地层为圆包山组,岩体为白垩纪花岗岩岩株,断裂发育一般,位于重力异常边部,找矿潜力较大
B1508203009	1290高地	出露的地层为公婆泉组与圆包山组,W元素化探异常起始值大于1.7×10^{-6},位于重力异常北东向。区内断裂较发育,遥感解译异常明显,找矿潜力较大
B1508203010	1113高地南西	出露地层为公婆泉组,岩体为白垩纪花岗岩岩株,断裂发育一般,位于重力异常边部,磁异常明显,找矿潜力较大
B1508203011	1517高地	断裂发育,一条大断裂贯穿模型区,W元素化探异常起始值大于1.7×10^{-6},位于重力异常中心部位,磁异常明显,找矿潜力较大
B1508203012	1201高地	W元素化探异常起始值大于1.7×10^{-6},断裂发育一般,位于重力异常边部,磁异常明显,找矿潜力较大

续表 5-5

最小预测区编号	最小预测区名称	最小预测区成矿条件及找矿潜力
B1508203013	1550 高地	W 元素化探异常起始值大于 2.5×10^{-6}，断裂发育，一条大断裂贯穿预测工作区，位于重力异常边部，有一遥感解译异常，找矿潜力较大
B1508203014	1592 高地	W 元素化探异常起始值大于 3.7×10^{-6}，位于重力异常边部，有两个遥感解译异常，找矿潜力较大
B1508203015	1308 高地北	W 元素化探异常起始值大于 3.7×10^{-6}，位于较大断裂南侧，有一重力异常，指示有隐伏岩体存在，找矿潜力较大
B1508203016	1368 高地南东	W 元素化探异常起始值大于 3.7×10^{-6}，位于重力异常边部，大断裂南侧，找矿潜力较大
B1508203017	1604 高地	W 元素化探异常起始值大于 3.7×10^{-6}，位于重力异常边部，有两个遥感解译异常及环形构造，找矿潜力较大
B1508203018	1356 高地	W 元素化探异常起始值大于 3.7×10^{-6}，位于重力异常中心部位，有两个遥感解译异常及环形构造，找矿潜力较大
C1508203001	1065 高地	W 元素化探异常起始值大于 1.7×10^{-6}，位于重力异常边部，磁异常较明显，找矿潜力一般
C1508203002	1176 高地	出露白垩纪花岗岩岩株，矽卡岩化发育，断裂发育，有一重力异常，指示有隐伏岩体存在，找矿潜力一般
C1508203003	1100 高地南西	W 元素化探异常起始值大于 1.7×10^{-6}，断裂发育，有Ⅲ级自然重砂异常，找矿潜力一般
C1508203004	1220 高地	W 元素化探异常起始值大于 1.7×10^{-6}，零星分布，有Ⅲ级自然重砂异常，遥感解译异常及环形构造发育，断裂发育，找矿潜力一般
C1508203005	1258 高地	出露白垩纪花岗岩岩株，内有Ⅲ级自然重砂异常，遥感解译异常及环形构造发育，断裂发育，找矿潜力一般
C1508203006	1217 高地	出露白垩纪花岗岩岩株，模型区内遥感解译异常及遥感环形构造发育，断裂发育，找矿潜力一般
C1508203007	1289 高地南西	有Ⅲ级自然重砂异常，遥感解译异常及遥感环形构造发育，断裂发育，找矿潜力一般
C1508203008	1349 高地东	出露地层为公婆泉组，有Ⅲ级自然重砂异常，位于重力异常边部，找矿潜力一般
C1508203009	1159 高地南	出露白垩纪花岗岩岩株，W 元素化探异常起始值大于 1.7×10^{-6}，位于重力异常中心部，找矿潜力一般
C1508203010	1223 高地北	有Ⅲ级自然重砂异常，遥感解译异常及遥感环形构造发育，断裂发育，找矿潜力一般
C1508203011	1349 高地南西	出露地层为公婆泉组，断裂发育，位于重力异常边部，找矿潜力一般
C1508203012	1113 高地	出露地层为公婆泉组，岩体为白垩纪花岗岩岩株，断裂发育一般，位于重力异常边部，找矿潜力一般
C1508203013	1131 高地北东	W 元素化探异常起始值大于 1.7×10^{-6}，出露地层为公婆泉组，出露岩体为白垩纪花岗岩岩株，断裂发育一般，位于重力异常边部，找矿潜力一般
C1508203014	1104 高地	出露地层为公婆泉组，出露岩体为白垩纪花岗岩岩株，断裂发育一般，位于重力异常边部，找矿潜力一般

续表 5-5

最小预测区编号	最小预测区名称	最小预测区成矿条件及找矿潜力
C1508203015	1511 高地	W 元素化探异常起始值大于 1.7×10^{-6}，出露岩体为白垩纪花岗岩岩株，断裂十分发育，位于重力异常中心部位，找矿潜力一般
C1508203016	1488 高地	W 元素化探异常起始值大于 1.7×10^{-6}，遥感解释蚀变发育，断裂十分发育，位于重力异常边部，磁异常明显，找矿潜力一般
C1508203017	1442 高地	遥感解释蚀变发育，断裂十分发育，位于重力异常边部，磁异常明显，找矿潜力一般
C1508203018	1278 高地北西	遥感解释蚀变发育，断裂十分发育，位于重力异常边部，磁异常明显，找矿潜力一般
C1508203019	1248 高地	W 元素化探异常起始值大于 1.7×10^{-6}，断裂十分发育，位于重力异常边部，磁异常明显，找矿潜力一般
C1508203020	1325 高地东	W 元素化探异常起始值大于 1.7×10^{-6}，断裂十分发育，位于重力异常边部，磁异常明显，找矿潜力一般
C1508203021	1502 高地	W 元素化探异常起始值大于 1.7×10^{-6}，位于重力异常中心部位，遥感解译蚀变发育，找矿潜力一般
C1508203022	1242 高地	W 元素化探异常起始值大于 1.7×10^{-6}，位于重力异常中心部位，有一遥感解译蚀变，找矿潜力一般
C1508203023	1301 高地	W 元素化探异常起始值大于 1.7×10^{-6}，位于重力异常边部，有一遥感解译蚀变，断裂较发育，找矿潜力一般

所圈定的 45 个最小预测区，已知矿床（点）分布在 A 级预测工作区内，说明预测工作区优选分级原则较为合理。最小预测区圈定结果表明，预测工作区总体与区域成矿地质背景和物化探异常等吻合程度较好，存在或可能发现钨矿产地的可能性高，具有一定的可信度。

二、综合信息地质体积法估算资源量

（一）典型矿床深部及外围资源量估算

资料来源于甘肃省地质局第四地质队 1983 年 12 月提交的《内蒙古自治区额济纳旗七一山钨钼矿区普查评价地质报告》。矿床面积（$S_{典}$）是根据 1∶1 万矿区综合地质图，在 MapGIS 软件下读取数据；矿体延深（$H_{典}$）依据控制矿体最深的 44 勘探线剖面图确定（图 5-2）。根据钻孔得知钨矿体均产于安山岩、碎裂安山岩、变质安山岩等中基性火山岩中，而钻孔在深 600m 处仍可见中基性的安山岩，由此可下推 200m（$H_{深}$）。

典型矿床体积含矿率 = 查明资源储量 ÷ [面积（$S_{典}$）×延深（$H_{典}$）] = 13 756.6 ÷ (138 928×400) = 0.000 25。

典型矿床深部预测资源量 = 面积（$S_{典}$）×延深（$H_{深}$）×典型矿床体积含矿率 = 138 928×200×0.000 25 = 6 946.4（t）。

根据矿区 1∶1 万土壤测量所圈定的 W 元素异常范围，结合矿区地质单元分布特征。在七一山主矿体外围圈定预测工作区，总面积（$S_{外}$）在 MapGIS 软件下读取数据为 90 443m²。

典型矿床外围预测资源量 = 面积（$S_{外}$）×延深（$H_{典}+H_{深}$）×典型矿床体积含矿率 = 90 443×600×0.000 25 = 13 566.45（t）。

七一山式典型矿床资源总量 = 查明资源储量 + 预测资源量 = 13 756.6 + (6 946.4+13 566.45) = 34 269.45（t）（表 5-6）。

表 5-6 七一山式钨矿典型矿床深部及外围资源量估算一览表

典型矿床		深部及外围		
已查明资源量(t)	13 756.6	深部	面积(m²)	138 928
面积(m²)	138 928		深度(m)	200
深度(m)	400	外围	面积(m²)	90 443
品位(%)	0.174(WO₃)		深度(m)	600
体重(t/m³)	2.73	预测资源量(t)		20 512.85
体积含矿率(t/m³)	0.000 25	典型矿床资源总量(t)		34 269.45

（二）模型区的确定、资源量及估算参数

七一山式典型矿床位于七一山模型区内，该区没有其他矿床、矿（化）点；模型区总资源量＝查明资源量＋预测资源量＝13 756.6＋6 946.4＋13 566.45＝34 269.45(t)，模型区延深与典型矿床一致；模型区含矿地质体面积与模型区面积一致，故该区含矿地质体面积参数为 1，在 MapGIS 软件下读取数据为 48 568 921m²。模型区总体积＝模型区面积×模型区延深＝48 568 921×600＝29 141 352 600(m³)。含矿系数＝资源总量÷(模型区总体积×含矿地质体面积参数)＝34 269.45÷29 141 352 600＝0.000 001 17(t/m³)（表 5-7）。

表 5-7 七一山模型区预测资源量及其估算参数表

预测工作区编号	名称	经度	纬度	模型区资源量(t)	模型区面积(m²)	延深(m)	含矿地质体面积(m²)	含矿地质体面积参数	含矿地质体总体积(m³)	含矿系数(t/m³)
A1508203002	七一山	993551	412301	34 269.45	48 568 921	600	48 568 921	1	29 141 352 600	0.000 001 17

（三）最小预测区预测资源量

1. 估算方法的选择

七一山式侵入岩体型钨矿预测工作区最小预测区资源量定量估算采用脉状矿床估算法与磁法体积法进行估算（表 5-8）。

表 5-8 七一山式侵入岩体型钨矿预测工作区最小预测区资源量估算方法表

预测工作区编号	预测工作区名称	资源量估算方法 1	资源量估算方法 2
A1508203002	七一山式侵入岩体型钨矿预测工作区	脉状矿床估算法	磁法体积法

2. 估算参数的确定

1）最小预测区面积圈定方法及圈定结果

本次预测底图比例尺为 1:25 万，利用规则地质单元作为预测单元。

预测地质变量如下。

地层：下志留统圆包山组为陆源碎屑岩及火山碎屑岩、中志留统公婆泉组为一套火山熔岩、火山碎屑岩及化学沉积碳酸盐岩。

侵入岩：侏罗纪中粒花岗岩、花岗斑岩。

构造：北东向构造。

遥感：遥感蚀变对矿化无明显反映，只利用了遥感断裂解译结果。

重力：剩余重力异常低值区。

航磁：航磁正异常、矿致航磁异常。

本次利用证据权重法，采用 2.5km×2.5km 规则网格单元，在 MRAS2.0 下进行预测工作区的圈定与优选。然后在 MapGIS 下，根据优选结果圈定为不规则形状。最终圈定 45 个最小预测区，其中 A 级区 4 个，B 级区 18 个，C 级区 23 个，总面积 911.81km²（表 5-9）。

表 5-9 七一山式侵入岩体型钨矿预测工作区最小预测区面积圈定大小及方法依据

预测工作区编号	名称	经度	纬度	面积(m²)	参数确定依据
A1508203001	1060 高地	993558	415700	28 981 237.81	
A1508203002	七一山	993622	412301	48 568 920.56	
A1508203003	1367 高地南东	994115	410620	40 817 380	
A1508203004	1465 高地南	995337	410354	30 752 749.06	
B1508203001	1014 高地	993049	415745	24 095 496.38	
B1508203002	1039 高地	992341	415418	19 164 194.31	
B1508203003	1310 高地南	990621	415443	29 814 587.31	
B1508203004	1210 高地	990714	414819	17 597 151.06	
B1508203005	1269 高地	990101	412627	7 938 343.188	
B1508203006	1354 高地	990957	412449	15 938 346.5	
B1508203007	1380 高地北西	992032	412417	7 476 535.25	依据 MRAS2.0 所形成的色块区与预测工作区底图重叠区域，并结合含矿地质体、已知矿床、矿(化)点及磁异常范围
B1508203008	1375 高地	992101	412102	10 581 849.5	
B1508203009	1290 高地	992958	412312	20 147 756.38	
B1508203010	1113 高地南西	994105	412458	12 394 984.38	
B1508203011	1517 高地	992640	411324	11 699 434.5	
B1508203012	1201 高地	994311	411402	22 807 478.13	
B1508203013	1550 高地	994132	411038	4 297 868.688	
B1508203014	1592 高地	991314	410904	27 942 478.75	
B1508203015	1308 高地北	992608	410746	43 490 186.75	
B1508203016	1368 高地南东	993428	410815	6 894 715.75	
B1508203017	1604 高地	991007	410617	41 957 082.38	
B1508203018	1356 高地	992424	410238	42 121 141.5	
C1508203001	1065 高地	991450	415221	19 043 707.25	
C1508203002	1176 高地	990450	414534	7 238 695.813	
C1508203003	1100 高地南西	993007	414211	25 901 874.63	
C1508203004	1220 高地	991153	413633	29 904 586.38	
C1508203005	1258 高地	991344	413241	20 039 107.81	

续表 5-9

预测工作区编号	名称	经度	纬度	面积(m²)	参数确定依据
C1508203006	1217 高地	992153	413143	5 426 176.625	依据 MRAS2.0 所形成的色块区与预测工作区底图重叠区域,并结合含矿地质体、已知矿床、矿(化)点及磁异常范围
C1508203007	1289 高地南西	991629	412939	15 760 827.63	
C1508203008	1349 高地东	991157	412844	24 228 589.75	
C1508203009	1159 高地南	992459	412919	5 638 535.125	
C1508203010	1223 高地北	993208	412956	10 510 721.81	
C1508203011	1349 高地南西	990632	412742	11 316 638.44	
C1508203012	1113 高地	994453	412549	10 660 377.44	
C1508203013	1131 高地北东	994137	412341	12 119 415.63	
C1508203014	1104 高地	994959	412135	23 602 772.44	
C1508203015	1511 高地	991037	411933	18 452 169.81	
C1508203016	1488 高地	992010	411658	12 569 833.5	
C1508203017	1442 高地	992844	411628	36 551 210.31	
C1508203018	1278 高地北西	993548	411412	25 826 714.63	
C1508203019	1248 高地	994930	411013	31 827 174.81	
C1508203020	1325 高地东	995808	410858	13 255 129.94	
C1508203021	1502 高地	990152	410644	11 862 580.31	
C1508203022	1242 高地	994107	410145	15 527 732.69	
C1508203023	1301 高地	994657	410034	9 063 886.313	

2)延深参数的确定及结果

延深参数的确定是地质专家在研究最小预测区含矿地质体地质特征、岩体的形成深度、矿化蚀变、矿化类型的基础上,并对比典型矿床特征的基础上综合确定的。另根据模型区七一山钨矿钻孔控制最大垂深为 400m,以及含矿地质体产状、区域厚度,同时根据含矿地质体的地表是否出露来确定其延深,详见表 5-10。

表 5-10 七一山式预测工作区最小预测区延深表

预测工作区编号	名称	深度(m)	编号	名称	深度(m)
A1508203001	1060 高地	450	C1508203002	1176 高地	300
A1508203002	七一山	600	C1508203003	1100 高地西	450
A1508203003	1367 高地南东	550	C1508203004	1220 高地	450
A1508203004	1465 高地南	450	C1508203005	1258 高地	400
B1508203001	1014 高地	400	C1508203006	1217 高地	260
B1508203002	1039 高地	400	C1508203007	1289 高地南西	350
B1508203003	1310 高地南	450	C1508203008	1349 高地东	400
B1508203004	1210 高地	350	C1508203009	1159 高地南	260
B1508203005	1269 高地	300	C1508203010	1223 高地北	300

续表 5-10

预测工作区编号	名称	深度(m)	编号	名称	深度(m)
B1508203006	1354 高地	350	C1508203011	1349 高地南西	350
B1508203007	1380 高地北西	300	C1508203012	1113 高地	300
B1508203008	1375 高地	300	C1508203013	1131 高地北东	350
B1508203009	1290 高地	400	C1508203014	1104 高地	400
B1508203010	1113 高地南西	350	C1508203015	1511 高地	350
B1508203011	1517 高地	350	C1508203016	1488 高地	350
B1508203012	1201 高地	400	C1508203017	1442 高地	500
B1508203013	1550 高地	260	C1508203018	1278 高地北西	450
B1508203014	1592 高地	450	C1508203019	1248 高地	450
B1508203015	1308 高地北	550	C1508203020	1325 高地东	350
B1508203016	1368 高地南东	260	C1508203021	1502 高地	350
B1508203017	1604 高地	550	C1508203022	1242 高地	350
B1508203018	1356 高地	550	C1508203023	1301 高地	300
C1508203001	1065 高地	400			

3）品位和体重的确定

矿体平均品位为 WO_3 0.174%，矿石平均体重 2.73t/m^3。有矿床、矿点者采用其相应资料。预测工作区内无矿床、矿点的最小预测区品位、体重均采用七一山式典型矿床资料。

4）相似系数的确定

七一山式预测工作区最小预测区相似系数的确定，主要依据最小预测区内含矿地质体本身出露的大小、地质构造发育程度不同、磁异常强度、矿化蚀变发育程度及矿（化）点的多少等因素，由专家确定。各最小预测区相似系数见表 5-11。

表 5-11 七一山式预测工作区最小预测区相似系数表

预测工作区编号	名称	相似系数	编号	名称	相似系数
A1508203001	1060 高地	0.3	C1508203002	1176 高地	0.1
A1508203002	七一山	1.0	C1508203003	1100 高地南西	0.1
A1508203003	1367 高地南东	0.3	C1508203004	1220 高地	0.1
A1508203004	1465 高地南	0.3	C1508203005	1258 高地	0.2
B1508203001	1014 高地	0.2	C1508203006	1217 高地	0.1
B1508203002	1039 高地	0.2	C1508203007	1289 高地南西	0.1
B1508203003	1310 高地南	0.3	C1508203008	1349 高地东	0.1
B1508203004	1210 高地	0.3	C1508203009	1159 高地南	0.1
B1508203005	1269 高地	0.2	C1508203010	1223 高地北	0.1
B1508203006	1354 高地	0.2	C1508203011	1349 高地南西	0.1
B1508203007	1380 高地北西	0.2	C1508203012	1113 高地	0.1

续表 5-11

预测工作区编号	名称	相似系数	编号	名称	相似系数
B1508203008	1375 高地	0.2	C1508203013	1131 高地北东	0.1
B1508203009	1290 高地	0.2	C1508203014	1104 高地	0.1
B1508203010	1113 高地南西	0.2	C1508203015	1511 高地	0.1
B1508203011	1517 高地	0.2	C1508203016	1488 高地	0.2
B1508203012	1201 高地	0.2	C1508203017	1442 高地	0.1
B1508203013	1550 高地	0.2	C1508203018	1278 高地北西	0.1
B1508203014	1592 高地	0.2	C1508203019	1248 高地	0.1
B1508203015	1308 高地北	0.2	C1508203020	1325 高地东	0.1
B1508203016	1368 高地南东	0.2	C1508203021	1502 高地	0.1
B1508203017	1604 高地	0.2	C1508203022	1242 高地	0.1
B1508203018	1356 高地	0.2	C1508203023	1301 高地	0.1
C1508203001	1065 高地	0.1			

3. 最小预测区预测资源量估算结果

采用地质体积法,预测工作区预测资源量估算公式如下。

$$Z_{预} = S_{预} \times H_{预} \times K_s \times K \times \alpha$$

式中,$Z_{预}$ 为预测工作区预测资源量;$S_{预}$ 为预测工作区面积;$H_{预}$ 为预测工作区延深(指预测工作区含矿地质体延深);K_s 为含矿地质体面积参数;K 为模型区矿床的含矿系数;α 为相似系数。注:K_s 的确定是依据典型矿床综合地质图中地表出露的脉状矿体的面积与已查明资源量矿体面积之比。典型矿床所在预测工作区 K_s 为 1。

根据上述公式,求得最小预测区资源量。本次预测资源总量为 38 845.61t,其中不包括已查明资源量 13 756.6t(表 5-12)。

表 5-12 七一山式预测工作区最小预测区估算成果表

预测工作区编号	名称	$S_{预}$(m²)	$H_{预}$(m)	K_s	K(t/m³)	α	$Z_{预}$(t)	资源量级别
A1508203001	1060 高地	28 981 237.81	450	0.24	0.000 001 17	0.3	1 098.62	334-3
A1508203002	七一山	48 568 921	600	1.00	0.000 001 17	1.0	20 311.75	334-1
A1508203003	1367 高地南东	40 817 380	550	0.24	0.000 001 17	0.3	1 891.15	334-3
A1508203004	1465 高地南	30 752 749.06	450	0.24	0.000 001 17	0.3	1 165.78	334-2
B1508203001	1014 高地	24 095 496.38	400	0.24	0.000 001 17	0.2	541.28	334-3
B1508203002	1039 高地	19 164 194.31	400	0.24	0.000 001 17	0.2	430.50	334-3
B1508203003	1310 高地南	29 814 587.31	450	0.24	0.000 001 17	0.3	1 130.21	334-3
B1508203004	1210 高地	17 597 151.06	350	0.24	0.000 001 17	0.3	518.83	334-3
B1508203005	1269 高地	7 938 343.188	300	0.24	0.000 001 17	0.2	133.75	334-3
B1508203006	1354 高地	15 938 346.5	350	0.24	0.000 001 17	0.2	313.28	334-3

续表 5-12

预测工作区编号	名称	$S_{预}(m^2)$	$H_{预}(m)$	K_s	$K(t/m^3)$	α	$Z_{预}(t)$	资源量级别
B1508203007	1380 高地北西	7 476 535.25	300	0.24	0.000 001 17	0.2	125.96	334-3
B1508203008	1375 高地	10 581 849.5	300	0.24	0.000 001 17	0.2	178.28	334-3
B1508203009	1290 高地	20 147 756.38	400	0.24	0.000 001 17	0.2	452.60	334-3
B1508203010	1113 高地南西	12 394 984.38	350	0.24	0.000 001 17	0.2	243.64	334-3
B1508203011	1517 高地	11 699 434.5	350	0.24	0.000 001 17	0.2	229.96	334-3
B1508203012	1201 高地	22 807 478.13	400	0.24	0.000 001 17	0.2	512.35	334-3
B1508203013	1550 高地	4 297 868.688	260	0.24	0.000 001 17	0.2	62.76	334-3
B1508203014	1592 高地	27 942 478.75	450	0.24	0.000 001 17	0.2	706.16	334-3
B1508203015	1308 高地北	43 490 186.75	550	0.24	0.000 001 17	0.2	1 343.32	334-3
B1508203016	1368 高地南东	6 894 715.75	260	0.24	0.000 001 17	0.2	100.67	334-3
B1508203017	1604 高地	41 957 082.38	550	0.24	0.000 001 17	0.2	1 295.97	334-3
B1508203018	1356 高地	42 121 141.5	550	0.24	0.000 001 17	0.2	1 301.04	334-3
C1508203001	1065 高地	19 043 707.25	400	0.24	0.000 001 17	0.1	213.90	334-3
C1508203002	1176 高地	7 238 695.813	300	0.24	0.000 001 17	0.1	60.98	334-3
C1508203003	1100 高地南西	25 901 874.63	450	0.24	0.000 001 17	0.1	327.30	334-3
C1508203004	1220 高地	29 904 586.38	450	0.24	0.000 001 17	0.1	377.87	334-3
C1508203005	1258 高地	20 039 107.81	400	0.24	0.000 001 17	0.2	450.16	334-3
C1508203006	1217 高地	5 426 176.625	260	0.24	0.000 001 17	0.1	39.62	334-3
C1508203007	1289 高地南西	15 760 827.63	350	0.24	0.000 001 17	0.1	154.90	334-3
C1508203008	1349 高地东	24 228 589.75	400	0.24	0.000 001 17	0.1	272.14	334-3
C1508203009	1159 高地南	5 638 535.125	260	0.24	0.000 001 17	0.1	41.17	334-3
C1508203010	1223 高地北	10 510 721.81	300	0.24	0.000 001 17	0.1	88.54	334-3
C1508203011	1349 高地南西	11 316 638.44	350	0.24	0.000 001 17	0.1	111.22	334-3
C1508203012	1113 高地	10 660 377.44	300	0.24	0.000 001 17	0.1	89.80	334-3
C1508203013	1131 高地北东	12 119 415.63	350	0.24	0.000 001 17	0.1	119.11	334-3
C1508203014	1104 高地	23 602 772.44	400	0.24	0.000 001 17	0.1	265.11	334-3
C1508203015	1511 高地	18 452 169.81	350	0.24	0.000 001 17	0.1	181.35	334-3
C1508203016	1488 高地	12 569 833.5	350	0.24	0.000 001 17	0.2	247.07	334-3
C1508203017	1442 高地	36 551 210.31	500	0.24	0.000 001 17	0.1	513.18	334-3
C1508203018	1278 高地北西	25 826 714.63	450	0.24	0.000 001 17	0.1	326.35	334-3
C1508203019	1248 高地	31 827 174.81	450	0.24	0.000 001 17	0.1	402.17	334-3
C1508203020	1325 高地东	13 255 129.94	350	0.24	0.000 001 17	0.1	130.27	334-3
C1508203021	1502 高地	11 862 580.31	350	0.24	0.000 001 17	0.1	116.59	334-3
C1508203022	1242 高地	15 527 732.69	350	0.24	0.000 001 17	0.1	152.61	334-3
C1508203023	1301 高地	9 063 886.313	300	0.24	0.000 001 17	0.1	76.35	334-3

（四）预测工作区资源总量成果汇总

1. 按精度

七一山式侵入岩体型钨矿预测工作区脉状矿床估算法预测资源量，依据资源量级别划分标准，可划分为334-1、334-2和334-3三个资源量精度级别，各级别资源量见表5-13。

表5-13　七一山式侵入岩体型钨矿预测工作区预测资源量精度统计表　　　　　单位：t

预测工作区编号	预测工作区名称	精度		
		334-1	334-2	334-3
1508203	七一山式侵入岩体型钨矿预测工作区	20 311.75	1 165.78	17 368.09

2. 按深度

七一山式侵入岩体型钨矿预测工作区中，根据各最小预测区内含矿地质体（地层、侵入岩及构造）特征，预测深度在400~600m之间，其资源量按预测深度统计结果见表5-14。

表5-14　七一山式侵入岩体型钨矿预测工作区预测资源量深度统计表　　　　　单位：t

预测工作区编号	预测工作区名称	500m以浅			1 000m以浅			2 000m以浅		
		334-1	334-2	334-3	334-1	334-2	334-3	334-1	334-2	334-3
1501203	七一山式侵入岩体型钨矿预测工作区	14 656.22	1 165.78	16 837.95	20 311.75	1 165.78	17 368.09	20 311.75	1 165.78	17 368.094
		总计：32 659.94			总计：38 845.61			总计：38 845.61		

3. 按矿产预测类型

七一山式侵入岩体型钨矿预测工作区中，预测方法类型为侵入岩体型，其资源量统计结果见表5-15。

表5-15　七一山式侵入岩体型钨矿预测工作区预测资源量矿产类型精度统计表　　　　　单位：t

预测工作区编号	预测工作区名称	侵入岩体型		
		334-1	334-2	334-3
1508203	七一山式侵入岩体型钨矿预测工作区	20 311.75	1 165.78	17 368.09

4. 按可利用性类别

预测工作区资源量可利用性统计结果见表5-16。

表5-16　七一山式侵入岩体型钨矿预测工作区预测资源量可利用性统计表　　　　　单位：t

预测工作区编号	预测工作区名称	可利用			暂不可利用		
		334-1	334-2	334-3	334-1	334-2	334-3
1508203	七一山式侵入岩体型钨矿预测工作区	20 311.75	—	1 804.78	—	1 165.78t	15 563.3
		总计：22 116.53			总计：16 729.08		

5. 按可信度统计分析

七一山式侵入岩体型钨矿预测工作区预测资源量可信度统计结果见表 5-17。预测资源量可信度估计概率大于等于 0.75 的 20 311.75t, 0.50~0.75 的 7 073.8t, 0.25~0.50 的 11 460.06t。

表 5-17 七一山式侵入岩体型钨矿预测工作区预测资源量可信度统计表　　　　　　单位:t

预测工作区编号	预测工作区名称	≥0.75			0.50~0.75			0.25~0.50		
		334-1	334-2	334-3	334-1	334-2	334-3	334-1	334-2	334-3
1501203	七一山式侵入岩体型钨矿预测工作区	20 311.75	—	—	—	1 165.78	5 908.02	—	—	11 460.06

6. 按级别分类统计

依据最小预测区地质矿产、物探及遥感异常等综合特征,并结合资源量估算和预测工作区优选结果,将最小预测区划分为 A 级、B 级和 C 级 3 个等级,其预测资源量分别为 24 467.30t、6 920.56t 和 4 757.76t,总量为 38 845.62t,详见表 5-18。

表 5-18 七一山式侵入岩体型钨矿预测工作区预测资源量级别分类统计表　　　　　　单位:t

预测工作区编号	预测工作区名称	级别		
		A 级	B 级	C 级
1508203	七一山式侵入岩体型钨矿预测工作区	24 467.30	9 620.56	4 757.76
		38 845.62		

(五) 最小预测区共伴生矿种预测资源量估算结果

对七一山式侵入岩体型钨矿预测工作区脉状矿床伴生铜矿进行了资源量预测,共圈定出 45 个最小预测区,预测铜资源量 189.18t。

1. 按方法

七一山式侵入岩体型钨矿预测工作区脉状矿床估算法伴生铜矿预测资源量见表 5-19。

表 5-19 七一山式侵入岩体型预测工作区铜矿预测资源量方法统计表　　　　　　单位:t

预测工作区编号	预测工作区名称	方法
		脉状矿床估算法
1508203	七一山式侵入岩体型钨矿预测工作区	189.18

2. 按精度

七一山式侵入岩体型钨矿预测工作区脉状矿床估算法预测资源量,依据资源量级别划分标准,可划分为 334-1、334-2 和 334-3 三个资源量精度级别,各级别资源量见表 5-20。

表 5-20　七一山式侵入岩体型钨矿预测工作区铜矿预测资源量精度统计表　　　　单位：t

预测工作区编号	预测工作区名称	精度		
		334-1	334-2	334-3
1508203	七一山式侵入岩体型钨矿预测工作区	98.92	5.68	84.58

3. 按延深

七一山式侵入岩体型钨矿预测工作区中，根据各最小预测区内含矿地质体（地层、侵入岩及构造）特征，预测深度在 400~600m 之间，其资源量按预测深度统计结果见表 5-21。

表 5-21　七一山式侵入岩体型钨矿预测工作区铜矿预测资源量深度统计表　　　　单位：t

预测工作区编号	预测工作区名称	500m 以浅			1 000m 以浅			2 000m 以浅		
		334-1	334-2	334-3	334-1	334-2	334-3	334-1	334-2	334-3
1501203	七一山式侵入岩体型钨矿预测工作区	82.43	5.68	82	98.92	5.68	84.58	98.92	5.68	98.92
		总计：170.11			总计：189.18			总计：189.18		

4. 按矿产预测类型

七一山式侵入岩体型钨矿预测工作区中，其矿产预测方法类型为热液型，预测类型为侵入岩体型，其资源量统计结果见表 5-22。

表 5-22　七一山式侵入岩体型钨矿预测工作区铜矿预测资源量矿产类型精度统计表　　　　单位：t

预测工作区编号	预测工作区名称	侵入岩体型		
		334-1	334-2	334-3
1508203	七一山式侵入岩体型钨矿预测工作区	98.92	5.68	84.58

5. 按可利用性类别

预测工作区资源量可利用性统计结果见表 5-23。

表 5-23　七一山式侵入岩体型钨矿预测工作区铜矿预测资源量可利用性统计　　　　单位：t

预测工作区编号	预测工作区名称	可利用			暂不可利用		
		334-1	334-2	334-3	334-1	334-2	334-3
1508203	七一山式侵入岩体型钨矿预测工作区	98.92	—	8.79	—	5.68	75.79
		总计：107.71			总计：81.47		

6. 最小预测区级别分类统计

依据最小预测区地质矿产、物探及遥感异常等综合特征，并结合资源量估算和预测工作区优选结果，将最小预测区划分为 A 级、B 级和 C 级 3 个等级，其预测资源量分别为 119.16t、46.85t 和 23.17t，总计 189.18t。详见表 5-24。

表 5-24 七一山式侵入岩体型钨矿预测工作区最小预测区伴生铜矿预测级别分类统计表

预测区编号	预测区名称	伴生铜资源量(t)	资源量级别	预测区编号	预测区名称	伴生铜资源量(t)	资源量级别
A1508203001	1060 高地	5.35	334-3	C1508203001	1065 高地	1.04	334-3
A1508203002	七一山	98.92	334-1	C1508203002	1176 高地	0.30	334-3
A1508203003	1367 高地南东	9.21	334-3	C1508203003	1100 高地南西	1.59	334-3
A1508203004	1465 高地南	5.68	334-2	C1508203004	1220 高地	1.84	334-3
A 级合计		119.16		C1508203005	1258 高地	2.19	334-3
B1508203001	1014 高地	2.64	334-3	C1508203006	1217 高地	0.19	334-3
B1508203002	1039 高地	2.10	334-3	C1508203007	1289 高地南西	0.75	334-3
B1508203003	1310 高地南	5.50	334-3	C1508203008	1349 高地东	1.33	334-3
B1508203004	1210 高地	2.53	334-3	C1508203009	1159 高地南	0.20	334-3
B1508203005	1269 高地	0.65	334-3	C1508203010	1223 高地北	0.43	334-3
B1508203006	1354 高地	1.53	334-3	C1508203011	1349 高地南西	0.54	334-3
B1508203007	1380 高地北西	0.61	334-3	C1508203012	1113 高地	0.44	334-3
B1508203008	1375 高地	0.87	334-3	C1508203013	1131 高地北东	0.58	334-3
B1508203009	1290 高地	2.20	334-3	C1508203014	1104 高地	1.29	334-3
B1508203010	1113 高地南西	1.19	334-3	C1508203015	1511 高地	0.88	334-3
B1508203011	1517 高地	1.12	334-3	C1508203016	1488 高地	1.20	334-3
B1508203012	1201 高地	2.50	334-3	C1508203017	1442 高地	2.50	334-3
B1508203013	1550 高地	0.31	334-3	C1508203018	1278 高地北西	1.59	334-3
B1508203014	1592 高地	3.44	334-3	C1508203019	1248 高地	1.96	334-3
B1508203015	1308 高地北	6.54	334-3	C1508203020	1325 高地东	0.63	334-3
B1508203016	1368 高地南东	0.49	334-3	C1508203021	1502 高地	0.57	334-3
B1508203017	1604 高地	6.31	334-3	C1508203022	1242 高地	0.74	334-3
B1508203018	1356 高地	6.34	334-3	C1508203023	1301 高地	0.37	334-3
B 级合计		48.85		C 级合计		23.17	

第六章　大麦地式侵入岩体型钨矿预测成果

内蒙古自治区大麦地式侵入岩体型钨矿预测工作区位于内蒙古自治区通辽市库伦旗,地处燕山北部山地向科尔沁沙地过渡地带,丘陵沟壑密布。属中温带半干旱大陆性气候,年平均气温6.9℃,年日照时数3 000h,年降水量445mm。无霜期150天。经济形式以农牧业为基础,工矿业和旅游业兼顾发展。交通欠发达。居民主要有蒙古族、汉族、回族、满族、朝鲜族、达斡尔族、锡伯族、鄂温克族、白族、苗族等民族。

第一节　典型矿床特征

一、典型矿床及成矿模式

大麦地式侵入岩体型钨矿位于内蒙古自治区通辽市库伦旗。大麦地钨矿床位于扣河子北北东向7km处,地理坐标为东经121°17′20″,北纬42°38′38″。钨金属量330.8t,品位WO_3 2.89%,体重3.25t/m³。

(一)典型矿床特征

大麦地钨矿位于天山-兴蒙构造系包尔汉图-温都尔庙弧盆系温都尔庙俯冲杂岩带,临河-集宁断裂从矿区南部通过。矿区出露地质体主要为燕山期花岗岩(图6-1)。

1. 矿区地质

矿区未见地层出露,侵入岩主要为早白垩世中粒微斜花岗岩,含矿石英脉和细晶岩脉。

矿床产于微斜花岗岩中,主矿体长208m,平均厚0.31m,呈不规则脉状。两侧有平行细脉,一般厚0.1~0.2m,矿化不强或不含矿。黑钨矿通常呈矿巢或矿团分布在石英脉中,且大都富集在矿脉的中心部位。围岩蚀变主要是云英岩化,其次为硅化。以边界品位WO_3 0.05%、平均品位WO_3 0.1%,可采厚度0.1m圈定矿体。经内蒙古自治区地质矿产勘查开发局复查审核,批准C2级矿石储量5 133.41t,WO_3储量145.27t。

在矿床西部有一北北西向正断层并切割矿体,断距仅40~50cm。

围岩蚀变主要有云英岩化、高岭土化和硅化。云英岩化和高岭土化有规律地发育于含矿石英脉周边。

2. 矿床特征

矿体主要由厚度为30~40cm的单脉构成,沿走向或倾向均变化较大,分支、复合、膨胀、收缩和尖灭是矿体的基本特征。在矿脉的两侧有一定数量的不含矿或矿化不强的平行细脉,厚度多数不足5cm,10~20cm者较少。

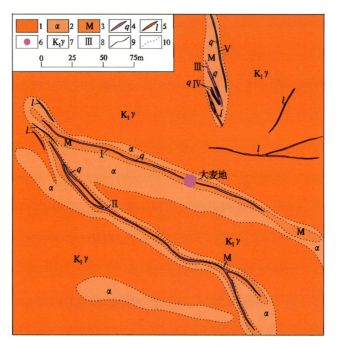

图 6-1 大麦地钨矿矿区地质简图

1. 中粒微斜花岗岩；2. 高岭土化中粒微斜花岗岩；3. 云英岩化中粒微斜花岗岩；
4. 含矿石英脉；5. 细晶岩脉；6. 钨矿床位置；7. 早白垩世中粒微斜花岗岩；8. 矿
体编号；9. 地质界线；10. 渐变地质界线

3. 矿石特征

钨矿石自然类型有黑钨矿-石英脉型、硫化物-黑钨矿-石英脉型、硫化物-石英脉型3种。黑钨矿平均品位 WO_3 2.89%。

4. 矿石结构构造

原生矿石的结构类型有半自形晶粒状结构、自形晶粒状结构、他形晶粒状结构、交代结构和花岗结构。

构造有块状构造、浸染状构造、肠状构造、晶洞构造、角砾状构造、放射针柱状构造及条带状构造。

5. 围岩蚀变

蚀变类型主要有云英岩化，其次是硅化。

6. 矿床成因及成矿时代

矿床成因：高温热液型脉状矿床。
成矿时代：燕山期。

（二）矿床成矿模式

大麦地式钨矿位于天山-兴蒙构造系包尔汉图-温都尔庙弧盆系温都尔庙俯冲杂岩带，临河-集宁断裂从矿区南部通过，矿区出露地质体主要为燕山期花岗岩。矿脉围岩发育有云英岩化和高岭土化。成矿模式如图 6-2 所示。

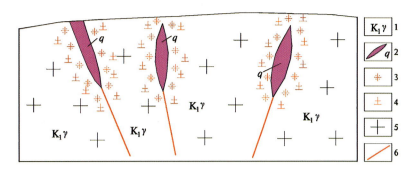

图 6-2 大麦地式钨矿典型矿床成矿模式图
1. 早白垩世中粒微斜花岗岩;2. 含钨石英脉;3. 云英岩化;4. 高岭土化;
5. 花岗岩;6. 断层

二、典型矿床地球物理特征

1. 重力特征

矿区 1:20 万区域重力布格异常不明显,在 $(-53\sim-30)\times10^{-5}\mathrm{m/s^2}$ 之间,大麦地式钨矿异常等值线较为平缓,异常值约为 $-40\times10^{-5}\mathrm{m/s^2}$。

在剩余重力异常图上,重力正、负异常呈条带状交错出现,走向东西,南北两侧为正异常,极值 $7.6\times10^{-5}\mathrm{m/s^2}$,中间为负异常,极值 $-8.46\times10^{-5}\mathrm{m/s^2}$。大麦地式钨矿处于 L 蒙-278 剩余重力负异常东侧边缘等值线平缓处,异常值不大,约为 $-3\times10^{-5}\mathrm{m/s^2}$,其周围交替分布 2 个正异常和 2 个负异常,正异常对应为古生代地层,负异常对应中生代盆地与酸性岩体。由区内重力异常梯级带可以推断,矿区内存在北西西向、北东东向断裂,及其次级断裂,这在磁异常图上也有所反映。大麦地式钨矿位于中生代盆地东部,周围断裂发育明显。

剩余重力异常等值线图上,矿床及矿点多分布于重力异常低值区,剩余重力异常为重力负异常,异常值为 $(-4\sim-2)\times10^{-5}\mathrm{m/s^2}$(图 6-3)。

2. 航磁特征

据 1:5 万航磁平面等值线图显示,背景场表现为负磁异常,正磁异常呈条带状,延伸方向为北东向,航磁化极图上表现为 4 个圆团状正异常(图 6-4)。

三、矿床预测模型

根据典型矿床成矿要素和矿区地磁资料、区域重力资料及区域化探资料,确定典型矿床预测要素见表 6-1。

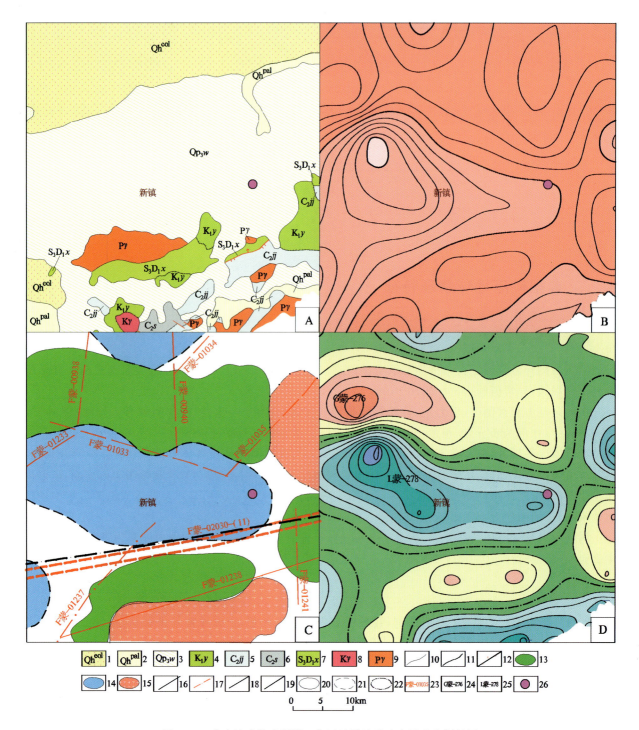

图 6-3 大麦地式钨矿预测工作区区域地质矿产及重力剖析图

A. 区域地质矿产图;B. 布格重力异常图;C. 重力推断地质构造图;D. 剩余重力异常图;1. 全新统风积物;2. 全新统洪冲积物;3. 上更新统乌尔吉组;4. 下白垩统义县组;5. 上石炭统酒局子组;6. 上石炭统石嘴子组;7. 上志留统—下泥盆统西别河组;8 白垩纪花岗岩;9. 二叠纪花岗岩;10. 地质界线;11. 角度不整合界线;12. 逆断层;13. 推断古生代地层;14. 推断盆地;15. 推断中—酸性侵入岩;16. 推断一级断裂;17. 推断二级断裂;18. 推断三级断裂;19. 一级构造单元界线;20. 正等值线;21. 负等值线;22. 零等值线;23. 解译断裂编号;24. 剩余重力正异常编号;25. 剩余重力负异常编号;26. 钨矿点位置

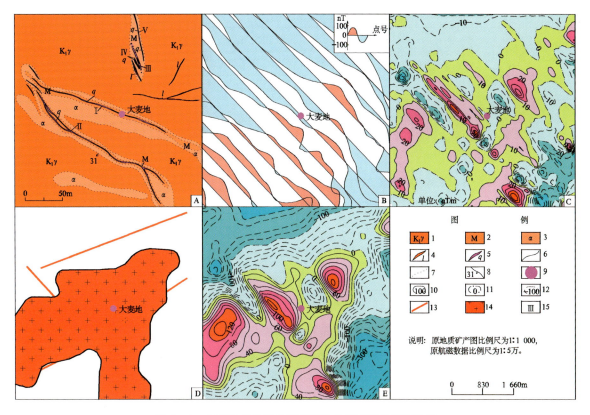

图 6-4 大麦地式钨矿典型矿床地质矿产及物探剖析图

A. 地质矿产图;B. 航磁 ΔT 剖面平面图;C. 航磁 ΔT 化极垂向一阶导数等值线平面图;D. 推断地质构造图;E. 航磁 ΔT 化极等值线平面图;1. 早白垩世中粒微斜花岗岩;2. 云英岩化微斜花岗岩;3. 高岭土化微斜花岗岩;4. 细晶岩脉;5. 含钨石英脉;6. 地质界线;7. 渐变地质界线;8. 接触面产状;9. 钨矿位置;10. 正等值线及注记;11. 零等值线及注记;12. 负等值线及注记;13. 磁法推断三级断裂;14. 磁法推断酸性侵入岩体 15. 矿体编号

表 6-1 内蒙古自治区库伦旗大麦地式侵入岩体型钨矿床典型矿床预测要素表

成矿要素		描述内容				要素类别
		储量	330.8t	平均品位	WO_3 2.89%	
特征描述		热液石英脉型黑钨矿矿床				
地质环境	构造背景	天山-兴蒙构造系(Ⅰ)包尔汉图-温都尔庙弧盆系(Ⅰ-8)(Pz_2)松辽断陷盆地(Ⅰ-2-1)温都尔庙俯冲增生杂岩带(Ⅰ-8-2)(Pt_2—P)				必要
	成矿环境	吉黑成矿省(Ⅱ-13)松辽盆地石油、天然气、铀成矿区(Ⅲ-9)库里吐-汤家杖子钼、铜、铅、锌、钨、金成矿亚带(Ⅲ-9-②)(Vm,Y)汤家杖子-哈拉火烧铁、钨、铜、铅、锌矿集区(V-104)				必要
	成矿时代	燕山期				必要
矿床特征	矿体形态	不规则脉状				次要
	岩石类型	花岗岩				重要
	岩石结构	花岗结构				次要
	矿物组合	金属矿物:黑钨矿,次要矿物方铅矿、黄铁矿;非金属矿物:石英、微斜长石、白云母、绢云母等				重要
	结构构造	粒状结构,细脉状构造				次要
	蚀变特征	云英岩化为主,其次是硅化				重要
	控矿条件	早白垩世花岗岩;北西向裂隙控制,断层60°~70°走向,倾向南西,倾角35°~45°				必要

续表 6-1

成矿要素		描述内容				要素类别
	储量	330.8t	平均品位		WO_3 2.89%	
特征描述		热液石英脉型黑钨矿矿床				
地球物理特征	重力异常	大麦地钨矿处于布格重力异常等值线较为平缓的区域,异常值约为$-40\times10^{-5}\text{m/s}^2$。在剩余重力异常图上,大麦地钨矿处于L蒙-278负异常东侧边缘等值线平缓处,异常幅值不高,约为$-3\times10^{-5}\text{m/s}^2$				次要
	航磁异常	1:5万航磁平面等值线图显示,背景场表现为负磁异常,正异常呈条带状,延伸方向为北东向,航磁化极图上表现为4个团圆状正异常				重要

第二节 预测工作区研究

预测工作区位于内蒙古自治区东部地区,属通辽市库伦旗所辖。预测工作区范围:东经121°00′—121°45′,北纬42°20′—42°40′。

大地构造位置:天山-兴蒙构造系(Ⅰ)包尔汉图-温都尔庙弧盆系(I-8)(Pz_2)松辽断陷盆地(I-2-1)温都尔庙俯冲增生杂岩带(I-8-2)(Pt_2—P)(图2-1)。

成矿区带属吉黑成矿省(Ⅱ-13)松辽盆地石油、天然气、铀成矿区(Ⅲ-9)库里吐-汤家杖子钼、铜、铅、锌、钨、金成矿亚带(Ⅲ-9-②)(Vm,Y)汤家杖子-哈拉火烧铁、钨、铜、铅、锌矿集区(Ⅴ-104)(图2-2)。

一、区域地质特征

1. 成矿地质背景

预测工作区地层从老到新有上志留统—下泥盆统西别河组石灰岩及砂岩,上石炭统石嘴子组砂岩、页岩及薄层灰岩和酒局子组板岩、砂岩、页岩夹灰岩,下白垩统义县组中基性火山岩、火山碎屑岩,上更新统乌尔吉组亚砂土及全新统冲洪积砂砾石及风积砂。

预测工作区内侵入岩有二叠纪中(粗)粒黑云母花岗岩,早白垩世中粒微斜花岗岩、细粒斑状黑云母花岗岩及石英闪长岩。

与钨矿关系密切的是中粒微斜花岗岩。

区域构造线方向总体为北西向。大麦地黑钨矿矿床的形成,受裂隙构造所控制,矿体的产状形态及其规模取决于构造裂隙形态与大小。

从剩余布格重力异常图可以看出,本区重力特征线的总体延伸方向为北北西向,反映本区深部构造呈北北西走向,但是,不同地段的主次方向是有变化的,而这些发生变化的地方正是发育矿床或矿点的地方。

2. 区域成矿模式

大麦地式侵入岩体型钨矿预测工作区内有大麦地小型钨矿床、汤家杖子中型钨矿床和赵家湾子小型钨矿床。

赋矿地质体:早白垩世微斜花岗岩、黑云母花岗岩。

矿床处于近东西向与北东向断裂构造附近,区内以北东—北北东向断裂构造为主要控矿构造,具多期性、叠加性等特点。

成矿期为燕山期。

大麦地式钨矿区域成矿要素见表6-2。

表6-2 内蒙古自治区大麦地式侵入岩体型钨矿预测工作区区域成矿要素表

区域成矿要素		描述内容	要素类别
地质环境	大地构造位置	天山-兴蒙构造系(Ⅰ)包尔汉图-温都尔庙弧盆系(I-8)(Pz$_2$)松辽断陷盆地(I-2-1)温都尔庙俯冲增生杂岩带(I-8-2)(Pt$_2$—P)	必要
	成矿区(带)	吉黑成矿省(Ⅱ-13)松辽盆地石油、天然气、铀成矿区(Ⅲ-9)库里吐-汤家杖子钼、铜、铅、锌、钨、金成矿亚带(Ⅲ-9-②)(Vm、Y)汤家杖子-哈拉火烧铁、钨、铜、铅、锌矿集区(V-104)	必要
	区域成矿类型及成矿时代	侵入岩体型,燕山期	必要
控矿地质条件	赋矿地质体	早白垩世中粒微斜花岗岩	重要
	控矿侵入岩	早白垩世中粒微斜花岗岩	必要
	主要控矿构造	北北西向正断层	重要
区内相同类型矿产		3个小型矿床、4个矿点	重要

二、区域地球物理特征

1. 重力特征

预测工作区区域重力场平缓,布格重力异常最高值为$-26.83\times10^{-5}\mathrm{m/s^2}$,最低值为$-46\times10^{-5}\mathrm{m/s^2}$。预测工作区内仅在中部、南部出现条带状局部布格重力异常低,中部出现等值线同向扭曲。在剩余重力异常图中反映为宽泛的负重力异常带。依据地质资料,在中部重力低异常带,地表局部出露二叠纪花岗岩,推断为酸性岩体;北西部负剩余重力异常区,地表大部分被第四系覆盖,推断为中—新生代盆地。预测工作区局部重力高值区域,地表零星出露石炭系、二叠系,推断是上古生界。预测工作区中部布格重力异常等值线出现同向弯曲转折,推断为一级断裂所致。预测工作区南部是近东西走向的条带形正异常。

库伦旗大麦地黑钨矿位于临河-集宁断裂北部,重力低异常边缘,表明该类矿床与北西向构造裂隙有关。

该区截取一条重力剖面进行2D反演,在该预测工作区推断解释断裂构造9条,中—酸性岩体2个,地层单元2个,中—新生代盆地1个。

2. 航磁特征

预测工作区在1:5万航磁ΔT等值线平面图上,磁异常幅值范围为$-600\sim2\,400\mathrm{nT}$,背景值为$-100\sim100\mathrm{nT}$,预测工作区内分布着许多高值异常,正负伴生,呈不规则条带状或椭圆状,轴向以北东向为主。大麦地钨矿位于预测工作区北部,磁场背景为平缓磁异常区,$0\sim100\mathrm{nT}$等值线附近(图6-5)。

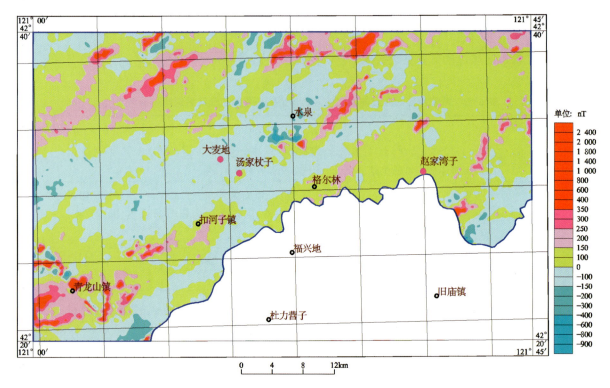

图 6-5 大麦地式钨矿预测工作区航磁 ΔT 等值线平面图

预测工作区磁法推断断裂走向与磁异常走向一致，为北东向，以不同磁场区的分界线和磁异常梯度带为标志。分布着较杂乱的正负相间磁异常，参考地质出露情况，认为由酸性和中酸性侵入岩体引起。根据磁异常特征，预测工作区磁法推断断裂构造 7 条、侵入岩体 21 个。

三、遥感影像及解译特征

1. 构造解译

预测工作区内解译出巨型断裂带即华北陆块北缘断裂带 1 条，该断裂带在预测工作区中部呈北东向展布，横跨整个预测工作区。解译出中小型构造 211 条，主要分布于阿古拉-喀喇沁断裂带以南及以东的区域里，以北西—近东西向断裂为主，北东—近南北向断裂次之。北西向断裂带是大麦地式钨矿的控矿构造。

预测工作区内的环形构造非常密集，共解译出环形构造 82 个，其成因为中生代花岗岩类引起的环形构造及与隐伏岩体有关的环形构造。环形构造主要集中在华北陆块北缘断裂带两侧，说明本区域岩浆活动非常频繁。环形构造不但控制了岩体的分布，而且控制了与花岗岩体有关的钨矿床分布，特别是与此构造有关的中生代侵入岩引起的环形构造为钨矿床的良好富集场所。

2. 赋矿及控矿地质体

赋矿地质体为燕山期花岗岩，岩体内的裂隙构造中含钨石英脉为赋矿地质体。

3. 遥感异常分布特征

预测工作区的羟基异常分布较少且主要分布在西部地区，有部分小块状异常稀散分布，其余地区零星分布。铁染异常主要呈带状和大片状无规则遍布在整个预测工作区西部和中部地带,北西部和东部地区有部分小块状异常稀散分布。

4. 遥感矿产预测分析

综合上述遥感特征,大麦地式热液型脉状钨矿预测工作区共圈定出4个最小预测区。

(1)青龙山镇北部最小预测区:阿古拉-喀喇沁断裂带通过该区,有条带状异常在区域中分布,区域内有若干环形构造群。

(2)扣河子镇北东部最小预测区:若干小型构造穿过该区,有条带状异常在区域中分布,该区有大麦地钨矿和赵家湾子钨矿。

(3)水泉镇北西部最小预测区:有带状要素在区域内分布。

(4)白音花苏木最小预测区:该区处在若干小型构造相交错断后围成的四边形构造格架中,个别小型构造通过该区域,有带状异常在区域内分布,汤家杖子钨矿位于该区。

四、区域预测模型

根据预测工作区区域成矿要素和航磁、遥感等特征,建立了预测工作区的区域预测要素(表6-3),预测工作区预测模型如图6-6所示。

表6-3 内蒙古自治区库伦旗大麦地式侵入岩体型钨矿预测工作区预测要素表

区域预测要素		描述内容	要素类别
地质环境	大地构造位置	天山-兴蒙构造系(Ⅰ)包尔汉图-温都尔庙弧盆系(Ⅰ-8)(Pz_2)松辽断陷盆地(Ⅰ-2-1)温都尔庙俯冲增生杂岩带(Ⅰ-8-2)(Pt_2—P)	必要
	成矿区带	吉黑成矿省(Ⅱ-13)松辽盆地石油、天然气、铀成矿区(Ⅲ-9)库里吐-汤家杖子钼、铜、铅、锌、钨、金成矿亚带(Ⅲ-9-②)(Vm、Y)汤家杖子-哈拉火烧铁、钨、铜、铅、锌矿集区(Ⅴ-104)	必要
	区域成矿类型及成矿期	侵入岩体型,燕山期	必要
控矿地质条件	赋矿地质体	早白垩世中粒微斜花岗岩	重要
	控矿侵入岩	早白垩世中粒微斜花岗岩	必要
	主要控矿构造	北北西向、南南东向正断层	重要
区内相同类型矿产		4个小型矿床、4个矿点	重要
地球物理特征	重力	预测工作区区域重力场平缓,布格重力异常最高值为$-26.83\times10^{-5}\mathrm{m/s^2}$,最低值为$-46\times10^{-5}\mathrm{m/s^2}$	重要
	航磁	据1:5万航磁平面等值线图显示,磁异常值范围为$-600\sim2\,400\mathrm{nT}$,背景值为$-100\sim100\mathrm{nT}$,背景场表现为负磁异常,正异常呈条带状,延伸方向沿北东向,航磁化极图上表现为4个团圆状正异常	重要
遥感特征		遥感解译北西向断裂构造	重要

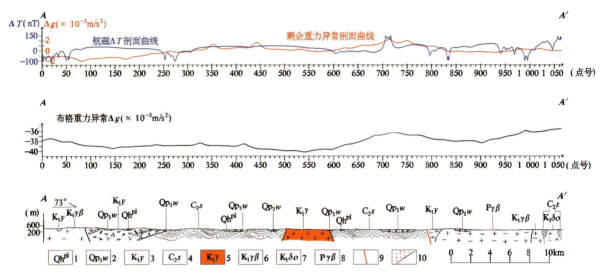

图 6-6 大麦地式钨矿预测工作区预测模型图

1. 全新统洪冲积；2. 上更新统乌尔吉组；3. 下白垩统义县组；4. 上石炭统石嘴子组；5. 早白垩世中粒微斜花岗岩；6. 早白垩世黑云母花岗岩；7. 早白垩世石英闪长岩；8. 二叠纪黑云母花岗岩；9. 断层；10. 角岩化

第三节 矿产预测

一、综合地质信息定位预测

1. 变量提取及优选

根据典型矿床成矿要素及预测要素研究及预测底图比例尺，进行综合信息预测要素提取，本次选择网格单元作为预测单元，确定网格间距为 1km×1km，图面网格间距为 20mm×20mm。

根据对典型矿床成矿要素及预测要素的研究，选取以下变量。

侵入岩：早白垩世中粒微斜花岗岩。

航磁异常：提取正磁异常，异常值 100～200nT。

重力：提取剩余重力异常，且为重力负异常，异常值 $(-4 \sim -2) \times 10^{-5} m/s^2$。

矿化蚀变带：提取矿化蚀变带。

已知矿点：有 4 个同类型矿点或矿床，分别为大麦地黑钨矿（小型矿床）、赵家湾子（矿点）、汤家杖子（矿点）、格尔林苏木下张大（矿点）。对矿点进行缓冲区处理。

2. 最小预测区圈定及优选

预测工作区内有 3 个已知矿床和 1 个矿点，因此采用 MRAS 矿产资源 GIS 评价系统中少预测模型工程，添加地质体、断层、剩余重力、航磁化极、遥感线要素、已知矿床（点）等必要要素，利用网格单元法进行定位预测。采用空间评价中数量化理论Ⅲ、聚类分析、神经网络分析等方法进行预测，比照各类方法的结果，确定采用神经网络分析法进行评价，再结合综合信息法叠加各预测要素圈定最小预测区，并进行优选。形成的色块图，叠加各预测要素，对色块图进行人工筛选，根据种子单元赋颜色，选择大麦地式钨矿床所在单元为种子单元。

根据圈定的最小预测区范围,选择大麦地式典型矿床所在的最小预测区为模型区,模型区内出露的地质体为早白垩世中粒微斜花岗岩。

预测工作区采用有模型预测工程进行预测,预测过程中采用人工对比预测要素,比照形成的色块图,最终确定采用聚类分析法作为本次工作的预测方法。

3. 最小预测区圈定结果

预测工作区共圈定最小预测区12个,其中A级3个(含已知矿床或同类矿点),B级6个,C级3个,总面积122.27km^2(表6-4)。

表6-4 大麦地式预测工作区最小预测区一览表

序号	最小预测区编号	最小预测区名称	序号	最小预测区编号	最小预测区名称
1	A1508204001	大麦地	7	B1508204004	白音花苏木北东
2	A1508204002	汤家杖子	8	B1508204005	赵家湾子南
3	A1508204003	赵家湾子	9	B1508204006	汤家杖子南西
4	B1508204001	青龙山镇北西	10	C1508204001	白音花苏木
5	B1508204002	青龙山镇北	11	C1508204002	汤家杖子东
6	B1508204003	下库力图嘎查南东	12	C1508204003	青龙山镇

4. 最小预测区地质评价

预测工作区共圈定各级最小预测区12个,其中A级3个,总面积28.46km^2;B级6个,总面积39.15km^2;C级3个,总面积52.80km^2。

所圈定的12个最小预测区,各级别分布合理,且已知矿床(点)分布在A级预测区内,说明预测区优选分级原则较为合理;最小预测区圈定结果表明,预测区总体与区域成矿地质背景和物化探异常吻合程度较好,存在或可能发现钨矿产地的可能性高,具有一定的可信度(表6-5)。

表6-5 大麦地式预测工作区最小预测区综合地质信息特征一览表

最小预测区编号	最小预测区名称	综合信息特征
A1508204001	大麦地	为模型区,大麦地钨矿位于该区。出露的岩体为早白垩世中粒微斜花岗岩、云英岩化中粒微斜花岗岩及高岭土化中粒微斜花岗岩。航磁化极为正磁异常,异常值为100～200nT,剩余重力异常为负异常,异常值为(-4～-2)×10^{-5}m/s^2。为A级区,预测资源量376.29t
A1508204002	汤家杖子	汤家杖子小型钨矿位于该区。出露的岩体为早白垩世中粒微斜花岗岩。航磁化极为低负磁异常,异常值为-100～0nT,剩余重力异常低,异常值为(-1～1)×10^{-5}m/s^2。为A级区,预测资源量74.11t
A1508204003	赵家湾子	赵家湾子钨矿点和下张大钨矿位于该区。出露的岩体为早白垩世中粒微斜花岗岩,区域航磁化极为正磁异常,异常值为0～100nT,剩余重力异常为负异常,异常值为(-4～-2)×10^{-5}m/s^2。为A级区,预测资源量2949.75t

续表 6-5

最小预测区编号	最小预测区名称	综合信息特征
B1508204001	青龙山镇北西	出露的岩体为早白垩世中粒微斜花岗岩。航磁化极为正磁异常,异常值为0～600nT,剩余重力异常为重力低,异常值为(-3～1)$\times 10^{-5}$m/s^2,无化探资料。为B级区,预测资源量278.09t
B1508204002	青龙山镇北	出露的岩体为早白垩世中粒微斜花岗岩。航磁化极为正磁异常,异常值为0～100nT,剩余重力异常为重力低,异常值为(-4～0)$\times 10^{-5}$m/s^2。为B级区,预测资源量624.64t
B1508204003	下库力图嘎查南东	出露的岩体为早白垩世中粒微斜花岗岩。航磁化极为正磁异常,异常值为0～400nT,剩余重力异常为重力低,异常值为(-5～0)$\times 10^{-5}$m/s^2。为B级区,预测资源量2 237.26t
B1508204004	白音花苏木北东	出露的岩体为早白垩世中粒微斜花岗岩。航磁化极为正磁异常,异常值为0～100nT,剩余重力异常为重力低,异常值为(-2～0)$\times 10^{-5}$m/s^2。为B级区,预测资源量71.33t
B1508204005	赵家湾子南	出露的岩体为早白垩世中粒微斜花岗岩。航磁化极为正磁异常,异常值为0～100nT,剩余重力异常为重力低,异常值为(-4～-2)$\times 10^{-5}$m/s^2。为B级区,预测资源量331.60t
B1508204006	汤家杖子南西	该最小预测区出露的岩体为早白垩世中粒微斜花岗岩。航磁化极为负磁异常,异常值为-100～0nT,剩余重力异常为重力低,异常值为(-1～1)$\times 10^{-5}$m/s^2,无化探资料。该最小预测区为B级区,预测资源量363.50t
C1508204001	白音花苏木	出露的岩体为早白垩世中粒微斜花岗岩。航磁化极为正磁异常,异常值为100～350nT,剩余重力异常为重力低,异常值为(-4～1)$\times 10^{-5}$m/s^2。为C级区,预测资源量2 555.83t
C1508204002	汤家杖子东	出露的岩体为早白垩世中粒微斜花岗岩。航磁化极为负磁异常,异常值为-100～0nT,剩余重力异常为重力低,异常值为(-1～1)$\times 10^{-5}$m/s^2。为C级区,预测资源量108.74t
C1508204003	青龙山镇	出露的岩体为早白垩世中粒微斜花岗岩。航磁化极为正磁异常,异常值为100～600nT,剩余重力异常为重力低,异常值(-4～-1)$\times 10^{-5}$m/s^2。为C级区,预测资源量124.38t

二、综合信息地质体积法估算资源量

(一)典型矿床深部及外围资源量估算

资料来源于哲里木盟公署地质局第一地质队于1960年10月编写的《内蒙古自治区库伦旗大麦地黑钨矿矿床详细普查报告》。典型矿床预测模型的面积($S_{典}$)是库伦旗大麦地式黑钨矿矿床地形地质图(1∶1 000),利用MapGIS圈闭、读取并计算。D级储量计算深度($H_{典}$)为40m(表6-6)。

典型矿床体积含矿率($K_{典}$)=查明资源储量÷[面积($S_{典}$)×延深($H_{典}$)]=330.8÷(13 503.5×40)=0.000 61(t/m^3)。

典型矿床深部预测资源量=面积($S_{典}$)×延深($H_{深}$)×典型矿床体积含矿率=13 503.5×20×0.000 61=164.74(t)。

外围预测资源量（$Z_{外}$）＝预测矿体面积×预测延深×体积含矿率＝1 512.38×60×0.000 61≈55.35（t）。

大地麦式典型矿床资源总量＝查明资源储量＋预测资源量＝330.8＋（164.74＋55.35）＝550.89（t）。

表6-6 大麦地式钨矿典型矿床深部及外围资源量估算一览表

典型矿床		深部及外围		
已查明资源量（t）	330.8	深部	面积（m²）	138 928
面积（m²）	13 503.5		深度（m）	20
深度（m）	40	外围	面积（m²）	1 215.38
品位（%）	2.89（WO₃）		深度（m）	60
体重（t/m³）	3.25	预测资源量（t）		220.09
体积含矿率（t/m³）	0.000 61	典型矿床资源总量（t）		550.89

（二）模型区的确定、资源量及估算参数

由于大麦地黑钨矿位于大麦地模型区内，因此，该模型区资源总量等于典型矿床资源总量（本区除大麦地黑钨矿，另有黑钨矿矿点3个，但储量总表无量）。模型区含矿地质体延深的确定，依据《内蒙古自治区库伦旗大麦地黑钨矿矿床详细普查报告》的D级储量计算深度40m，又下移了20m，总厚度60m，并结合模型区含矿地质体的剥蚀程度，确定其延深为60m。

由于模型区内含矿地质体边界可以确切圈定，且其面积与模型区面积一致，故该区含矿地质体面积参数为1。

模型区含矿地质体总体积＝模型区面积×延深（含矿地质体）＝1 073 550×60＝64 413 000（m³）。含矿地质体含矿系数＝资源总量÷含矿地质体总体积＝550.90÷64 413 000＝0.000 009（t/m³）（表6-7）。

表6-7 大麦地式侵入岩体型钨矿大麦地模型区预测资源量及其估算参数

名称	经度	纬度	模型区预测资源量（t）	模型区面积（m²）	延深（m）	含矿地质体面积（m²）	含矿地质体面积参数	含矿地质体总体积（m³）	含矿地质体含矿系数（t/m³）
大麦地式侵入岩体型钨矿	1211720	423838	550.90	1 073 550	60	1 073 550	1	64 413 000	0.000 009

（三）最小预测区预测资源量

1. 估算方法的选择

大麦地式黑钨矿预测工作区最小预测区资源量定量估算采用地质体积法进行估算（表6-8）。

表6-8 大麦地式侵入岩体型黑钨矿预测工作区资源量估算方法表

预测工作区编号	预测工作区名称	资源量估算方法
A1508204001	大麦地式侵入岩体型黑钨矿预测工作区	地质体积法

2. 估算参数的确定

1) 最小预测区面积圈定方法及圈定结果

大麦地式预测工作区预测底图精度为1:5万,并根据成矿有利度(含矿层位、矿点矿化点、找矿线索、化探异常、自然重砂异常、重力异常及磁法异常)、地理交通及开发条件和其他相关条件,将预测工作区内最小预测区级别分为A、B、C三个等级,其中A级最小预测区3个、B级最小预测区6个、C级最小预测区3个。

最小预测区面积在1.07~47.3km²之间,其中50km²以内最小预测区占预测区总数的0.89%。

最小预测区面积圈定是根据MRAS2.0所形成的色块区与预测工作区底图重叠区域,并结合含矿地质体、已知矿床、矿(化)点、化探异常、自然重砂异常、磁异常范围以及矽卡岩型矿床含矿地质体一般范围为岩体外接触带不超过2km等方法及原则进行圈定。由于大麦地黑钨矿为侵入岩体型黑钨矿,预测方法类型为侵入岩体型,其形成与早白垩世微斜花岗岩有关,圈定依据以包含上述含矿地质体全部或部分为主,圈定结果见表6-9。

表6-9 大麦地式预测工作区最小预测区面积圈定大小方法依据表

最小预测区编号	最小预测区名称	经度	纬度	面积(m²)	参数确定依据
A1508204001	大麦地	1211730.45	423843.30	1 073 550	依据MRAS所形成的色块区与预测工作区底图重叠区域,并结合含矿地质体、已知矿床、矿(化)点及物探、化探、遥感、自然重砂异常范围。由于大麦地黑钨矿为侵入岩体型黑钨矿,其形成与早白垩世微斜花岗岩侵入岩有关,圈定依据以包含上述含矿地质体全部或部分为主
A1508204002	汤家杖子	1211932.03	423116.84	2 835 975	
A1508204003	赵家湾子	1213257.87	423137.64	24 548 045	
B1508204001	青龙山镇北西	1210009.37	422608.52	3 089 841	
B1508204002	青龙山镇北	1210232.76	422638.75	6 169 267	
B1508204003	下库力图嘎查南东	1213701.98	423243.52	22 096 379	
B1508204004	白音花苏木北东	1213812.90	423448.42	587 115	
B1508204005	赵家湾子南	1213518.50	423021.05	2 729 258	
B1508204006	汤家杖子南西	1211853.04	423052.60	4 487 600	
C1508204001	白音花苏木	1214007.18	423240.35	47 330 212	
C1508204002	汤家杖子东	1212008.93	423 054.17	2 013 627	
C1508204003	青龙山镇	1210236.42	422541.67	3 455 106	

2) 延深参数的确定及结果

延深参数的确定是在研究最小预测区含矿地质体地质特征、岩体的形成深度、矿化蚀变、矿化类型的基础上,并对比典型矿床特征的基础上由专家综合确定的,部分由成矿带模型类比或专家估计给出。

大麦地式预测工作区,延深参数的确定是根据《内蒙古自治区库伦旗大麦地黑钨矿矿床详细普查报告》的D级储量计算深度40m确定其延深,详见表6-10。

3) 品位和体重的确定

矿体平均品位为WO_3 2.89%,矿石平均体重3.25t/m³。有矿床、矿点者采用其相应资料。预测工作区内无矿床、矿点的最小预测区品位、体重均采用大麦地式典型矿床资料。

4) 相似系数的确定

大麦地式黑钨矿预测工作区最小预测区相似系数的确定,主要依据最小预测区内含矿地质体本身出露的大小、地质构造发育程度不同、磁异常强度、自然重砂异常、遥感异常、矿化蚀变发育程度及矿(化)点的多少等因素进行综合对化,由专家确定。各最小预测区相似系数见表6-11。

表 6-10　大麦地式预测工作区最小预测区延深表

最小预测区编号	最小预测区名称	延深(m)	最小预测区编号	最小预测区名称	延深(m)
A1508204001	大麦地	60	B1508204004	白音花苏木北东	45
A1508204002	汤家杖子	45	B1508204005	赵家湾子南	45
A1508204003	赵家湾子	40	B1508204006	汤家杖子南西	45
B1508204001	青龙山镇北西	40	C1508204001	白音花苏木	40
B1508204002	青龙山镇北	45	C1508204002	汤家杖子东	40
B1508204003	下库力图嘎查南东	45	C1508204003	青龙山镇	40

表 6-11　大麦地式预测工作区最小预测区相似系数表

最小预测区编号	最小预测区名称	相似系数	最小预测区编号	最小预测区名称	相似系数
A1508204001	大麦地	0.65	B1508204004	白音花苏木北东	0.30
A1508204002	汤家杖子	0.55	B1508204005	赵家湾子南	0.30
A1508204003	赵家湾子	0.50	B1508204006	汤家杖子南西	0.20
B1508204001	青龙山镇北西	0.25	C1508204001	白音花苏木	0.15
B1508204002	青龙山镇北	0.25	C1508204002	汤家杖子东	0.15
B1508204003	下库力图嘎查南东	0.25	C1508204003	青龙山镇	0.10

3. 最小预测区预测资源量估算结果

含矿地质体难以确切圈定边界,应用预测区预测资源量公式如下。

$$Z_{预} = S_{预} \times H_{预} \times K_s \times K \times \alpha$$

式中,$Z_{预}$ 为预测区预测资源量;$S_{预}$ 为预测区面积;$H_{预}$ 为预测区延深(指预测区含矿地质体延深);K_s 为含矿地质体面积参数;K 为模型区矿床的含矿系数;α 为相似系数。注:K_s 的确定是依据典型矿床综合地质图中地表出露的脉状矿体的面积与已查明资源量矿体面积之比。典型矿床所在预测区 K_s 为1。

根据上述公式,求得最小预测区资源量。本次预测资源总量为 10 095.52t(表 6-12)。

表 6-12　大麦地式预测工作区最小预测区估算成果表

预测工作区编号	名称	$S_{预}$(m²)	$H_{预}$(m)	K_s	K(t/m³)	α	$Z_{预}$(t)	资源量级别
A1508204001	大麦地	1 073 550	60	1	0.000 009	0.65	376.29	334-1
A1508204002	汤家杖子	979 608	45	1	0.000 009	0.55	74.11	334-1
A1508204003	赵家湾子	24 548 045	40	1	0.000 009	0.50	2 949.75	334-1
B1508204001	青龙山镇北西	3 089 841	40	1	0.000 009	0.25	278.09	334-2
B1508204002	青龙山镇北	6 169 267	45	1	0.000 009	0.25	624.64	334-2
B1508204003	下库力图嘎查南东	22 096 379	45	1	0.000 009	0.25	2 237.26	334-2
B1508204004	白音花苏木北东	587 115	45	1	0.000 009	0.30	71.33	334-2
B1508204005	赵家湾子南	2 729 258	45	1	0.000 009	0.30	331.6	334-2
B1508204006	汤家杖子南西	4 487 600	45	1	0.000 009	0.20	363.5	334-2
C1508204001	白音花苏木	47 330 212	40	1	0.000009	0.15	2 555.83	334-2
C1508204002	汤家杖子东	2 013 627	40	1	0.000 009	0.15	108.74	334-2
C1508204003	青龙山镇	3 455 106	40	1	0.000 009	0.10	124.38	334-2

(四)预测工作区资源总量成果汇总

1. 按方法

大麦地式侵入岩体型黑钨矿预测工作区地质体积法预测资源量见表 6-13。

表 6-13 大麦地式侵入岩体型黑钨矿预测工作区预测资源量方法统计表　　　　　　单位:t

预测工作区编号	预测工作区名称	方法
		地质体积法
1508204001	大麦地式侵入岩体型黑钨矿预测工作区	10 095.52

2. 按精度

大麦地式侵入岩体型黑钨矿预测工作区地质体积法预测资源量,依据资源量级别划分标准,可划分为 334-1、334-2 两个资源量精度级别,各级别资源量见表 6-14。

表 6-14 大麦地式侵入岩体型黑钨矿预测工作区预测资源量精度统计表　　　　　　单位:t

预测工作区编号	预测工作区名称	精度	
		334-1	334-2
1508204001	大麦地式侵入岩体型黑钨矿预测工作区	3 400.15	6 695.37

3. 按深度

大麦地式侵入岩体型黑钨矿预测工作区中,根据各最小预测区内含矿地质体(地层、侵入岩及构造)特征,预测深度在 0~60m 之间,其资源量按预测深度统计结果见表 6-15。

表 6-15 大麦地式侵入岩体型黑钨矿预测工作区预测资源量深度统计表　　　　　　单位:t

预测工作区编号	预测工作区名称	500m 以浅	
		334-1	334-2
1508204001	大麦地式侵入岩体型黑钨矿预测工作区	3 400.15	6 695.37

4. 按矿产预测类型

大麦地式侵入岩体型黑钨矿预测工作区,预测方法类型为侵入岩体型,资源量统计结果见表 6-16。

表 6-16 大麦地式侵入岩体型黑钨矿预测工作区预测资源量矿产类型精度统计表　　　　　　单位:t

预测工作区编号	预测工作区名称	侵入岩体型		
		334-1	334-2	334-3
1508204001	大麦地式侵入岩体型黑钨矿预测工作区	3 400.15	6 695.37	—

5. 按可利用性类别

可利用性类别的划分,主要依据深度可利用性 500m 以浅,当前开采经济条件可利用性,矿石可选性,外部交通、水电环境可利用性,按权重进行取数估算。

预测工作区资源量可利用性统计结果见表 6-17。

表 6-17 大麦地式侵入岩体型黑钨矿预测工作区预测资源量可利用性统计表   单位:t

预测工作区编号	预测工作区名称	可利用		
		334-1	334-2	334-3
1508204001	大麦地式侵入岩体型黑钨矿预测工作区	3 400.15	6 695.37	—

6. 按可信度统计分析

大麦地黑钨矿预测工作区预测资源量可信度统计结果见表 6-18。预测资源量可信度估计,概率大于 0.75 的有 450.40t,概率为 0.50~0.75 有 9 645.12t,概率小于 0.50 的有 0t。

表 6-18 大麦地式侵入岩体型黑钨矿预测工作区预测资源量可信度统计表   单位:t

预测工作区编号	预测工作区名称	>0.75			0.50~0.75			<0.50		
		334-1	334-2	334-3	334-1	334-2	334-3	334-1	334-2	334-3
1508204	大麦地式侵入岩体型黑钨矿预测工作区	450.40	—	—	2 949.75	6 695.37	—	—	—	—
合计		450.40			9 645.12			—		

7. 按级别分类统计

依据最小预测区地质矿产、物探及遥感异常等综合特征,并结合资源量估算和预测区优选结果,将最小预测区划分为 A 级、B 级和 C 级 3 个等级,其预测资源量分别为 3 400.15t、3 906.42t 和 2 788.95t,总量为 10 095.52t。详见表 6-19。

表 6-19 大麦地式侵入岩体型黑钨矿预测工作区预测资源量级别分类统计表   单位:t

预测工作区编号	预测工作区名称	级别		
		A 级	B 级	C 级
1508204	大麦地式侵入岩体型黑钨矿预测工作区	3 400.15	3 906.42	2 788.95
		10 095.52		

第七章　乌日尼图式侵入岩体型钨矿预测成果

内蒙古自治区乌日尼图式侵入岩体型钨矿预测工作区位于内蒙古自治区锡林郭勒盟苏尼特左旗，地处内蒙古高原的北东缘，区内海拔高度一般在1 000~1 200m之间，属中低山丘陵区。区内水系不发育，多为干沟，零星分布的少量季节性淖尔也大部分为干涸湖。本区属半干旱大陆性气候，夏季炎热干燥，最高气温可达39℃，冬春季严寒风大，最低气温为-41℃；年温差70~80℃，平均气温为-5℃左右。

区内人烟稀少，绝大部分为蒙古族。经济形式为畜牧业。区内矿产资源潜力较大，新近发现的矿种有钨、金、银、铜、钼等。

第一节　典型矿床特征

一、典型矿床及成矿模式

乌日尼图式侵入岩体型钨矿位于内蒙古自治区锡林郭勒盟苏尼特左旗。乌日尼图钨矿床位于红格尔苏木北西7km处，地理坐标为东经111°52′42″，北纬44°44′05″。钨金属量58 155t，平均品位WO_3 0.725%，体重2.78t/m^3。

(一)典型矿床特征

乌日尼图钨矿位于天山-兴蒙构造系大兴安岭弧盆系扎兰屯-多宝山岛弧。地层区划古生代地层属北疆-兴安地层大区兴安地层区东乌-呼玛地层分区，中—新生界为滨太平洋地层区大兴安岭-燕山地层分区博克图-二连浩特地层小区。成矿区带为大兴安岭成矿省东乌珠穆沁旗-嫩江（中强挤压区）铜、钼、铅、锌、金、钨、锡、铬成矿带朝不楞-博克图钨、铁、锌、铅成矿亚带乌日尼图-乌兰德勒钨、钼、铜矿集区（图7-1）。

1. 矿区地质

矿区出露的地层单元为下中奥陶统乌宾敖包组二段。

乌宾敖包组二段由紫灰色、绿灰色砂质板岩、泥板岩、凝灰质板岩夹变质砂岩、变质粉砂岩、微晶大理岩组成。板理、变余层理较为发育，地层基本东倾，倾角30°左右。岩石破碎，蚀变强烈。

矿区西部有大面积的海西晚期细粒闪长岩呈岩基产出；东部出露大面积的海西晚期中粒黑云母花岗岩，燕山期中粒钾长花岗岩。矿区内岩浆岩主要为灰白色花岗斑岩，出露面积约0.1km^2，与乌宾敖包组呈侵入接触。

矿区地处东乌旗海西早期地槽褶皱系西端，构造变动强烈，褶皱和断裂较为发育。主要为北东向、北西向2组断裂构造。其中北东向为区域性构造，多数地段被闪长玢岩脉沿断层侵入；北西向为北东向的派生构造。小型斑岩体的产出严格受这两组断裂的交会处所控制。由于区内砂土覆盖严重，地表断裂构造均被掩盖。矿区褶皱构造为东乌旗复背斜南东翼次一级背斜的转折端，产状平缓，向南西倾伏。

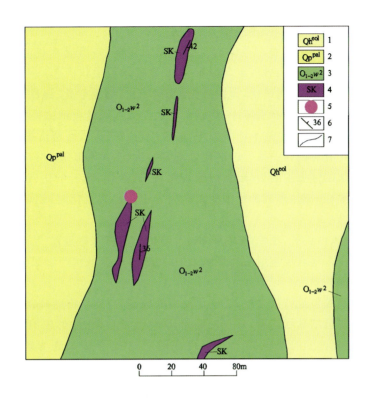

图 7-1 乌日尼图钨矿矿区地质简图

1. 全新统风积物；2. 更新统洪冲积物；3. 下中奥陶统乌宾敖包组；4. 钨矿体；5. 矿点位置；6. 岩层产状；7. 地质界线

据钻探揭露，围岩中的热液蚀变作用非常强烈，从早期到晚期可分为矽卡岩化、硅化、绢云母化、绿帘石化、萤石矿化、黄铁矿化、碳酸盐化等。各种蚀变相互叠加在一起，形成相互穿插的蚀变岩。

硅化：主要为细小石英脉在岩石中穿插，脉宽在 1~3mm 之间，部分在 1cm 左右。比较粗大的石英脉一般从内到外由细粒石英、白云母、辉钼矿组成。中心部位由重结晶的细粒石英组成；次外层由白云母组成，白云母一般垂直于脉壁生长；最外层即石英脉壁多数被鳞片状辉钼矿充填，形成辉钼矿线。辉钼矿宽为 1~3mm。硅化作用贯穿整个热液过程。

绢云母化：由细小鳞片状绢云母组成，粒径在 1mm 左右，部分含量可达 65%，定向分布比较显著，绢云母大部分由泥质变质而成，部分绢云母由胶结物转变而成。一般与萤石、方解石共生在一起，其中还夹裹一些黄铁矿。

萤石矿化：为晚期热液交代作用形成，呈细粒状、浸染状不均匀分布。多由紫色、天蓝色、粉红色的半自形萤石晶体组成。粒径多在 1~5mm 之间，常与绢云母、黄铁矿、石英、方解石等共生在一起。

碳酸盐化：由细粒方解石细脉组成。脉宽一般为 1~4mm，多沿裂隙分布。碳酸盐脉形成较晚，多切割了早期的石英细脉或矿化裂隙。碳酸盐化一般与矿化关系不大。

绿泥石化：多沿裂隙分布，呈集合体或细脉状，在裂隙中有的绿泥石呈面状产出。

绿帘石化：由多期热液作用、碎裂作用形成。最初由热液成因的 0.03~3mm 柱状及粒状绿帘石晶体构成，并伴有 0.1~3.5mm 的柱状黄玉，发生碎裂后充填大量 0.15~0.3mm 柱状及粒状石英，最终碎裂后充填碳酸盐岩。

黄铁矿化：基本可以分为两期。早期以面状黄铁矿或脉状黄铁矿为主，多沿裂隙分布，形成黄铁矿薄膜和不规则细脉，该期黄铁矿化与成矿有关。晚期黄铁矿一般呈粒状，多呈自形晶或半自形晶浸染状产出，粒径为 1~3mm。常与萤石、绢云母等共生。

矽卡岩化：主要由钙铁榴石及钙铝榴石、透辉石、透闪石、符山石、石英、云母（多绿泥石化）、阳起石等组成。粒径多在0.2～5mm之间，呈透镜状夹于粉砂质板岩中。

电气石化：由于热液作用，中细粒石英砂岩重结晶作用显著，并形成0.01～0.5mm细柱状、针状、粒状电气石，多聚集成细纹带绕变余砂屑定向分布，显示良好的纹层状构造。

矿化类型主要为辉钼矿化、白钨矿化、黄铜矿化、闪锌矿化、辉铋矿化、磁铁矿化、方铅矿化等，以辉钼矿化、白钨矿化为主，矿化主要产在裂隙中，辉钼矿与后期穿入的硅质细脉关系密切，白钨矿一般产在破碎裂隙中。铜、锌矿基本也产在上述不同裂隙中，磁铁矿与花岗斑岩有密切关系。

围岩蚀变与各类矿化有着密切关系。蚀变比较发育的部位，辉钼矿化、白钨矿化、黄铜矿化也比较发育。与辉钼矿关系密切的蚀变主要为硅化、矽卡岩化、白云母化、绢云母化、黄铁矿化、萤石矿化。这些蚀变矿物与辉钼矿共生在一起，形成矿化蚀变岩。当岩石具碎裂岩化时，钼矿化比较强烈，钼矿化脉频繁出现，时而可见网脉。

矿区内已知有辉钼矿、白钨矿、黑钨矿、黄铜矿、闪锌矿、辉铋矿、磁铁矿、方铅矿等金属矿化。大部分集中分布于花岗斑岩侵入乌宾敖包组的外接触带中，磁铁矿呈星散状产于深部花岗斑岩中，而方铅矿则分布在上述矿化的北部外围。

辉钼矿化发育于乌宾敖包组砂板岩中，受硅化及裂隙控制，与地层中的硅化-绢云母化、云英岩化蚀变关系密切。辉钼矿主要呈细脉状产出，分布较集中，矿化连续性较好，形成似层状、似板状矿体，规模较大。随着硅化-绢云母化蚀变的减弱，钼矿化强度亦随之减弱，主要表现为矿化不太均匀，连续性较差，甚至虽有硅化，但未见矿化，表明硅化具多阶段性和多期次性。辉钼矿的另一特点是呈浸染状产出，多沿硅化细脉边部的围岩中呈浸染状分布，所以构成了细脉-浸染型辉钼矿体。

白钨矿受乌宾敖包组粉砂质板岩中裂隙及层理构造控制比较明显，与硅化关系密切。白钨矿主要呈断续的板状、粒状形成细条带状或细脉状，有的呈不规则粒状、星散状分布。其规模一般较小，厚度在1～2m之间。有时可单独形成矿体，多数与闪锌矿、辉钼矿伴生，局部见与黑钨矿伴生。矿化连续性差，不均匀。

闪锌矿主要发育于粉砂质板岩中，以闪锌矿化为主，并伴生黄铜矿化。与石英-绢云母化、硅化、矽卡岩化等蚀变关系密切，主要受构造裂隙及穿入的硅质脉控制。在乌日尼图铅锌钨钼矿床范围内，见有共伴生闪锌矿（化），个别可达工业品位，但规模不大。闪锌矿多数为辉钼矿或黄铜矿伴生矿种。

据化探及钻探资料，本区下中奥陶统乌宾敖包组中铅锌矿化比较普遍，矿化范围较大，但矿化强度一般较弱。只有在W、Mo高温元素的外围及后期蚀变破碎带（即有热液叠加改造）的地段，矿化有明显增强。初步认为，本区铅锌矿化是由二叠纪岩浆活动提供了矿源，后经侏罗纪—白垩纪岩浆活动热液叠加-改造，在构造有利部位局部富集时则形成有意义的矿化。由于本区乌宾敖包组厚度较大，其中Pb、Zn元素丰度较高，故其矿源较丰富，加之后期燕山期构造-岩浆活动具有较好的叠加-改造成矿条件，因而本区的铅锌矿化应引起高度重视。

黄铜矿主要发育在乌宾敖包组粉砂质板岩裂隙充填的硅质细脉中，矿化比较普遍，多呈不规则粒状、团块状、集合体状，局部形成厚10cm左右的黄铜矿大脉，主要由黄铜矿和黄铁矿组成。蚀变矿物为绢云母、石英、萤石、白云母、绿泥石等，与其伴生的矿物有辉钼矿、白钨矿、黑钨矿、闪锌矿、辉铋矿、黄铁矿、磁黄铁矿等。矿化多不连续，多数难以形成具工业意义的矿体。但在WRZK505、WRZK540-5钻孔中见有独立的工业矿体，但不具规模。

辉铋矿、方铅矿、磁铁矿多为伴生矿物，含量较少，不具有工业意义。深部的花岗斑岩中局部见磁铁矿比较集中，磁铁矿呈不规则粒状—半自形粒状，含量可达30%。所以对未见其他矿化的花岗斑岩中则应对磁铁矿加以重视。

2. 矿床特征

乌日尼图钨矿主要赋存在乌宾敖包组与细粒花岗岩、花岗斑岩外接触带，矿体受岩层中构造裂隙所控制，矿体呈似层状、似板状产出，由于所有矿层均产于地下深部（100m以下），故不存在氧化矿。目前控制的矿化范围大于1km²。共圈出207条钨矿体，本矿床矿化特征为细脉浸染状矿化，且以硅化细脉状为主，浸染状矿化主要在细粒花岗岩中发育（图7-2）。

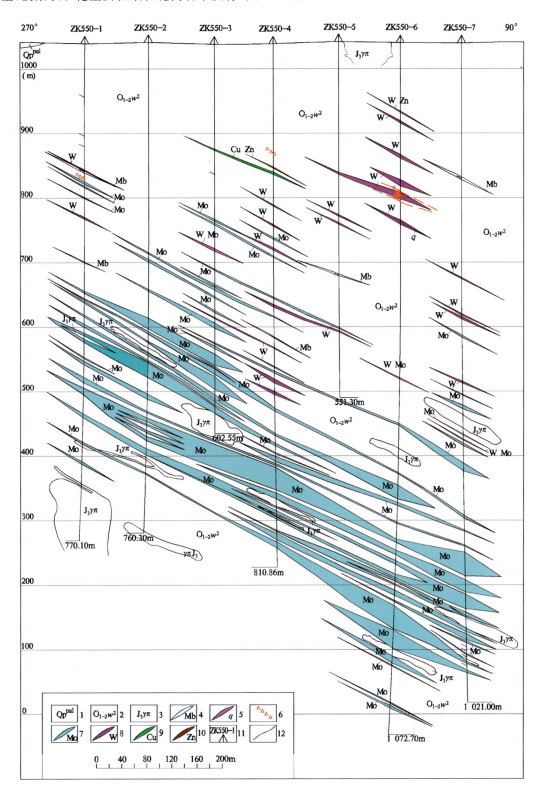

图7-2 乌日尼图铜锌钼矿区560勘探线剖面图

1.全新统洪冲积物；2.下中奥陶统乌宾敖包组二段；3.晚侏罗世花岗斑岩脉；4.灰岩；5.石英脉；6.破碎带；
7.钼矿脉；8.钨矿脉；9.铜矿脉；10.锌矿脉；11.钻孔位置及编号；12.地质界线

3. 矿石特征

乌日尼图钨矿的矿石成分较为复杂,金属矿物成分主要为白钨矿、黑钨矿、辉钼矿,次为黄铜矿、黄铁矿、闪锌矿、辉铋矿、方铅矿、磁铁矿、磁黄铁矿等。

白钨矿呈半自形—他形粒状,粒径为 0.1～1mm,分布不均匀,多沿板理面或沿脉壁星散状分布,部分产于石英脉中。

黑钨矿板状体粒径为 1～2cm(碎裂者为 0.1～0.6mm),呈放射状分布在脉石(石英)中,黑钨矿大部分被白钨矿交代呈残余状,部分黑钨矿与铋矿紧密连生,呈半自形板状。

脉石矿物主要成分为石英、长石(钠长石、斜长石),次要矿物成分为白云母、黑云母、绢云母、铁锂云母、萤石、方解石、绿泥石、绿帘石、电气石、角闪石(纤闪石)等。其中角闪石被黑云母或绿泥石、绿帘石交代呈假象;斜长石多绢云母化、黝帘石化。石英脉中围岩包体重结晶呈鳞片状黑云母和绿泥石;白云母、萤石由热液交代形成;电气石为热液接触交代的产物,与矽卡岩关系密切;方解石为最晚期的裂隙充填物。

WO_3 的平均品位为 0.725%。

4. 矿石结构构造

矿石结构主要有细粒-浸染状结构、鳞片状结构,白钨矿、黑钨矿呈中细粒状、鳞片状不均匀分布于构造裂隙中,共生、伴生常见金属矿物有呈星散状分布的细粒半自形、他形粒状的黄铜矿、闪锌矿、黄铁矿、磁铁矿等,其总含量一般小于 5%。

矿石构造主要有细脉状构造、细脉-浸染状构造、致密块状构造。细脉状构造是本矿床最常见的构造类型。

5. 围岩蚀变

围岩中的热液蚀变作用非常强烈,从早期到晚期可分为矽卡岩化、硅化、绢云母化、绿帘石化、萤石矿化、黄铁矿化、碳酸盐化等。各种蚀变相互叠加在一起,形成相互穿插的蚀变岩。

6. 矿床成因及成矿时代

钨矿成矿的全过程可以分为矽卡岩(岩浆)期和热液期。矽卡岩期为早期成矿阶段,岩浆热液沿钙质砂板岩裂隙充填交代,形成矿化矽卡岩。在矽卡岩中形成了黑钨矿化、白钨矿化、辉钼矿化、黄铜矿化及磁黄铁矿化。热液期为晚期成矿阶段,是本矿区的主要成矿期。岩浆期后热液沿裂隙交代围岩成矿。

成矿时代为燕山期。

(二)矿床成矿模式

1. 大地构造位置

乌日尼图钨矿床位于西伯利亚板块南东大陆边缘晚古生代陆缘增生带,二连-贺根山板块对接带的北西侧。该带上已发现许多重要的矿产,如蒙古国的奥尤陶勒盖特大型铜金钼矿床,二连-东乌旗成矿带上的奥尤特小型铜矿床、海拉斯小型铜多金属矿床、小坝梁铜金矿床,沙麦钨矿、吉林宝勒格银矿、朝不楞铅锌矿等。

2. 侵入岩条件

矿区燕山期中细粒花岗岩在深部较为发育,为铜、铅、锌、钼、钨、银矿种的形成创造了有利条件。钨矿等赋存于下中奥陶统乌宾敖包组与中细粒花岗岩、花岗斑岩外接触带中。中细粒花岗岩中 Cu、Pb、

Zn、Mo、W、Ag 等微量元素较富集。

3. 构造条件

矿区内遭受多期次的构造变动、叠加、改造等,褶皱、断裂较发育,北西向次级断裂为矿产形成提供了良好的空间位置,成为矿体的赋矿场所。

4. 地层条件

矿区出露的地层乌宾敖包组 Cu、Mo、Ag、Pb、Zn、W、Sn、As、Sb 等元素在土壤中均表现出一定的富集特征,异常组合元素由东向西具一定的水平分带性:高温元素组合—中高温元素组合—中低温元素组合。所以乌日尼图式钨矿床的形成与该区地层有用元素的相对富集有一定的关系。

乌日尼图式钨矿床的成矿模式如图 7-3 所示。

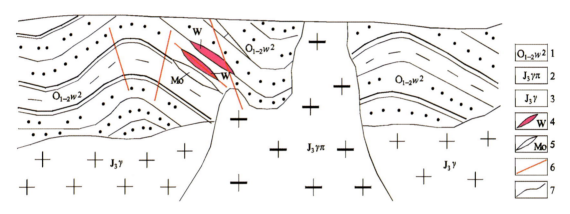

图 7-3 乌日尼图式钨矿典型矿床成矿模式图
1. 下中奥陶统乌宾敖包组二段;2. 晚侏罗世花岗岩;3. 晚侏罗世花岗斑岩;4. 钨矿脉;5. 钼矿脉;6. 断层;7. 地质界线

二、典型矿床地球物理特征

1. 重力特征

乌日尼图式钨矿位于布格重力异常北东向重力梯级带上,Δg 为 $(-150 \sim -146) \times 10^{-5} \mathrm{m/s^2}$,其南面为椭圆状相对低值带区,最低为 $-153.99 \times 10^{-5} \mathrm{m/s^2}$。在剩余重力异常图上,乌日尼图式钨矿处于正异常与负异常之间的梯级带上,异常值约为 $-1 \times 10^{-5} \mathrm{m/s^2}$。北部剩余重力正异常 Δg 最大值为 $3.69 \times 10^{-5} \mathrm{m/s^2}$,对应为晚古生代 S 型花岗岩带,花岗岩带遍布整个矿区;南部剩余重力负异常 Δg 最小值为 $-8.42 \times 10^{-5} \mathrm{m/s^2}$,对应为中—新生代盆地。重磁异常特征显示有北北东向、北东东向断裂通过矿区(图 7-4)。

2. 航磁特征

区内磁异常较为明显,乌日尼图式钨矿 ΔT 处于 $100 \sim 200\mathrm{nT}$ 的正异常区,ΔT 航磁化极为 $300 \sim 400\mathrm{nT}$,ΔT 航磁化极一阶导数异常为 $0 \sim 50\mathrm{nT/m}$。据 1:5 万航磁平面等值线图显示,矿点处在正负磁场梯度带上,磁场变化范围不大(图 7-5)。

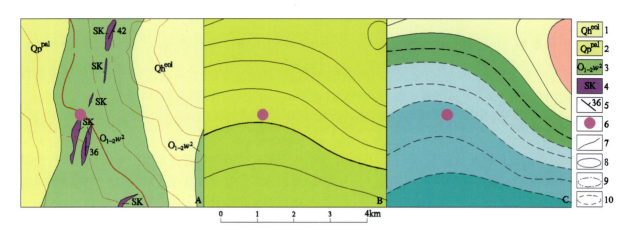

图 7-4 乌日尼图式钨矿矿区重力异常图

A. 地质矿产图;B. 布格重力异常图;C. 剩于重力异常图;1. 全新统风积;2. 更新统洪冲积;3. 下中奥陶统乌宾敖包组二段;4. 矿体;5. 岩层产状;6. 矿点位置;7. 地质界线;8. 正等值线及注记;9. 零等值线及注记;10. 负等值线及注记

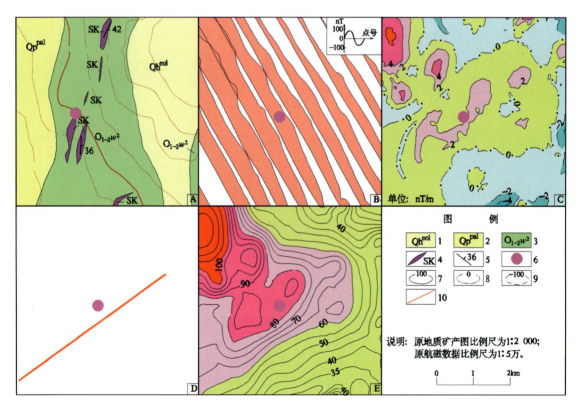

图 7-5 乌日尼图式钨矿典型矿床地质矿产及航磁异常图

A. 地质矿产图;B. 航磁 ΔT 剖面平面图;C. 航磁 ΔT 化极垂向一阶导数等值线平面图;D. 航磁 ΔT 化极等值线平面图;E. 地质推断构造图;1. 全新统洪冲积物;2. 更新统洪冲积物;3. 下中奥陶统乌宾敖包组二段;4. 钨矿脉;5. 岩层产状;6. 钨矿点位置;7. 正等值线及注记;8. 零等值线及注记;9. 负等值线及注记;10. 解译断层

三、地球化学特征

矿区存在 Cu、Pb、Zn、Ni、W、Sn、Be 等元素的组合异常,W 为主要的成矿元素,Cu、Pb、Zn、Ni、Sn、Mo、Be 为主要的伴生元素(图 7-6)。

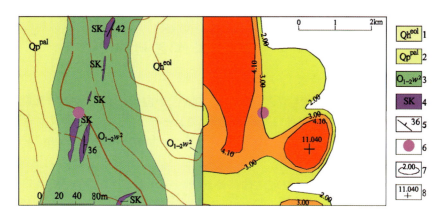

图 7-6 乌日尼图式钨矿矿区化探异常图

1. 全新统风积；2. 更新统洪冲积；3. 下中奥陶统乌宾敖包组二段；4. 矿体；5. 岩层产状；6. 矿点位置；
7. 异常等值线及注记；8 高值点及注记

四、矿床预测模型

以典型矿床成矿要素为基础，综合重力、航磁、化探、遥感等致矿信息，典型矿床预测要素见表 7-1。

表 7-1 乌日尼图式侵入岩体型钨矿典型矿床预测工作区预测要素表

预测要素		描述内容			要素分类
储量		58 155t	平均品位	WO_3 0.725%	
特征描述		侵入岩体型钨矿床			
地质环境	构造背景	天山-兴蒙造山系（Ⅰ）大兴安岭弧盆系（Ⅰ-1）（Pt_3—T_2）东乌旗-多宝山岛弧（Ⅰ-1-5）（O、D、C_2）			必要
	成矿环境	大兴安岭成矿省（Ⅱ-12）东乌珠穆沁旗-嫩江（中强挤压区）铜、钼、铅、锌、金、钨、锡、铬成矿带（Ⅲ-6）二连-东乌旗钨、钼、铁、锌、铅、金、银、铬成矿亚带（Ⅲ-6-③）（V、Y）红格尔-乌日尼图钼、钨、金矿集区（V-45）			必要
	成矿时代	燕山期			必要
矿床特征	矿体形态	脉状、似层状			重要
	岩石类型	中细粒花岗岩、花岗闪长斑岩			必要
	岩石结构	中细粒花岗结构、斑状结构			重要
	矿物组合	辉钼矿、白钨矿、黄铜矿、闪锌矿、辉铋矿、磁铁矿、方铅矿			必要
	结构构造	浸染状结构、网脉状结构；块状构造			重要
	蚀变特征	矽卡岩化、硅化、绢云母化、绿帘石化、萤石矿化、黄铁矿化、碳酸盐化			重要
	控矿条件	下中奥陶统乌宾敖包组与侏罗纪中细粒花岗岩、花岗斑岩外接触带，北西向裂隙构造			重要
地球物理特征	重力异常	布格重力异常北东向重力梯级带上，Δg 为 $(-150\sim-146)\times 10^{-5} m/s^2$，其南面为椭圆状相对低值带区，最低值为 $-153.99\times 10^{-5} m/s^2$。剩余重力处于正异常与负异常之间的梯级带上，异常值约为 $-1\times 10^{-5} m/s^2$			重要
	磁法异常	ΔT 处于 $100\sim 200nT$ 的正异常区，ΔT 航磁化极为 $300\sim 400nT$，ΔT 化极一阶导数异常为 $0\sim 50nT/m$			重要
地球化学特征		分带性较好，浓集中心较明显的 W 元素化探异常			重要

第二节 预测工作区研究

内蒙古自治区乌日尼图式侵入岩体型钨矿预测工作区位于内蒙古自治区锡林郭勒盟苏尼特左旗西北部，预测工作区范围为东经 $111°23'—112°30'$，北纬 $44°20'—45°06'$。

大地构造位置：天山-兴蒙造山系（Ⅰ）大兴安岭弧盆系（Ⅰ-1）（$Pt_3—T_2$）东乌旗-多宝山岛弧（Ⅰ-1-5）（$O、D、C_2$）（图 2-1）。

成矿区带属大兴安岭成矿省（Ⅱ-12）东乌珠穆沁旗-嫩江（中强挤压区）铜、钼、铅、锌、金、钨、锡、铬成矿带（Ⅲ-6）二连-东乌旗钨、钼、铁、锌、铅、金、银、铬成矿亚带（Ⅲ-6-③）（V、Y）红格尔-乌日尼图钼、钨、金矿集区（V-45）（图 2-2）。

一、区域地质特征

1. 成矿地质背景

预测工作区内出露地层单元从老到新有下中奥陶统乌宾敖包组，中奥陶统巴彦呼舒组、下中泥盆统泥鳅河组，上侏罗统满克头鄂博组、玛尼吐图组、白音高老组，中新统宝格达乌拉组以及更新统、全新统洪冲积物。

其中乌宾敖包组二段为预测工作区的目的层。岩性为变质粉砂岩、粉砂质板岩、微晶大理岩、安山玢岩、凝灰质粉砂质板岩等，属泥质岩建造。

燕山期灰白色中粒花岗岩、花岗斑岩与乌宾敖包组呈侵入接触，该阶段岩浆活动频繁，Cu、Zn、Pb、Mo、W、Ag 等微量元素较富集。因此，燕山期灰白色中细粗粒花岗岩、花岗斑岩成为目的侵入体。

区内断裂构造发育，且具有多期活动的特点。预测工作区地处扎兰屯-多宝山岛弧西端，构造变动强烈，断裂和褶皱发育，主要为北东向及北西向两组断裂构造，其中北东向断裂为区域性构造，多数地段被闪长玢岩脉沿断层侵入，北西向断裂为北东向的派生构造。

褶皱构造为东乌旗复背斜西端南翼次一级背斜的转折端，产生褶皱构造地层为下中奥陶统乌宾敖包组、中奥陶统巴彦呼舒组，以及下中泥盆统。地层产状变化较大，倾角在 $50°\sim60°$ 之间，局部平缓，总体向南西倾伏。故褶皱构造成为矿区的主要储矿构造。

2. 区域成矿模式

预测工作区内与乌日尼图式侵入岩体型钨矿床相同的矿床只有乌日尼图钨矿床。

赋矿地质体：下中奥陶统乌宾敖包组二段。

北西向断裂、裂隙构造及褶皱构造成为矿区的主要储矿构造。

成矿时代：燕山期。

乌日尼图式钨矿区域成矿模式图见图 7-7，预测工作区成矿要素见表 7-2。

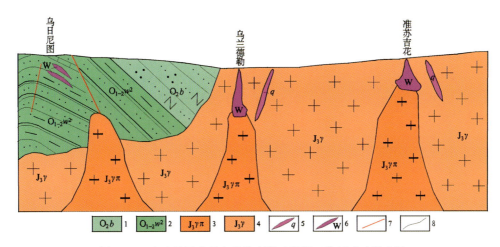

图 7-7 乌日尼图式侵入岩体型钨矿预测工作区成矿模式图

1. 中奥陶统巴彦呼舒组；2. 下中奥陶统乌宾敖包组二段；3. 晚侏罗世花岗斑岩；4. 晚侏罗世中粒花岗岩；5. 石英脉；6. 钨矿体；7. 断层；8. 地质界线

表 7-2 乌日尼图式侵入岩体型钨矿乌日尼图预测工作区成矿要素表

区域成矿要素		描述内容	要素类别
地质环境	大地构造位置	天山-兴蒙造山系（Ⅰ）大兴安岭弧盆系（Ⅰ-1）（$Pt_3—T_2$）东乌旗-多宝山岛弧（Ⅰ-1-5）（O,D,C_2）	必要
	成矿区（带）	大兴安岭成矿省（Ⅱ-12）东乌珠穆沁旗-嫩江（中强挤压区）铜、钼、铅、锌、金、钨、锡、铬成矿带（Ⅲ-6）二连-东乌旗钨、钼、铁、锌、铅、金、银、铬成矿亚带（Ⅲ-6-③）（Ⅴ、Y）红格尔-乌日尼图钼、钨、金矿集区（Ⅴ-45）	必要
	区域成矿类及成矿期	热液型钨钼矿，燕山期	必要
控矿地质条件	赋矿地质体	下中奥陶统乌宾敖包组二段与燕山期中细粒花岗岩、花岗斑岩外接触带中	重要
	控矿侵入岩	燕山期中细粒花岗岩、花岗斑岩	必要
	主要控矿构造	北西向裂隙构造	重要
区内相同类型矿产		成矿区带内有1个钨钼矿点	重要

二、区域地球物理特征

1. 重力特征

预测工作区区域重力场反映西部重力高、东部重力低，东部等值线近南北向延伸的特点。布格重力异常值在（-160～-124.65）×10^{-5}m/s^2 之间。预测工作区处于布格重力异常相对低值区。地表多处出露酸性岩体，据此推断预测工作区有大面积酸性侵入岩。在剩余重力异常图上，预测工作区北部重力场平稳，预测工作区南部正、负剩余重力异常呈条带状沿北东东向展布，且相间排列。根据地质资料，预测工作区内的条带状正剩余重力异常区地表局部出露古生代地层，局部重力低区域推断为隐伏或半隐伏花岗岩体。截取两条重力剖面进行2D反演，岩体最大延深约为7.5km。

苏尼特左旗乌日尼图钼钨矿位于局部重力低区域边缘，表明该类矿床与花岗岩带有关。

预测工作区推断解译断裂构造16条，中-酸性岩体1个，地层单元4个，中-新生代盆地5个。

2. 航磁特征

在1∶10万航磁 ΔT 等值线平面图上预测工作区磁异常幅值范围为 $-400 \sim 600\mathrm{nT}$，背景值为 $-100 \sim 100\mathrm{nT}$，预测工作区北部以低缓负异常为主，预测工作区北西部和南部有不规则的高值磁异常，条带状，正负相间，轴向以北东向为主。乌日尼图钨矿位于预测工作区西部，磁场背景为平缓磁异常区，$0 \sim 100\mathrm{nT}$ 等值线附近。

预测工作区北部和南部推断各有2条北东向断裂，以不同磁场区的分界线和磁异常梯度带为标志。参考地质出露情况，认为北部正负相间的磁异常由酸性和中酸性侵入岩体引起，南部面积比较小的椭圆状磁异常推断由火山岩地层引起，预测工作区最东部的正磁异常推断由酸性侵入岩体引起。

根据磁异常特征，乌日尼图式侵入岩体型钨矿预测工作区磁法推断断裂构造4条、侵入岩体7个、火山构造6个。

三、区域地球化学特征

预测工作区主要分布有 Au、As、Sb、Cu、Pb、Zn、Ag、Cd、W 等元素异常，异常多分布在预测工作区南部和中部；W 元素浓集中心明显，异常强度高，呈北东向带状分布。

四、遥感影像及解译特征

1. 构造解译

预测工作区内解译出大型构造5条，由北到南依次为阿马德日海构造、呼和敖包布其-包苏干乃额博勒者构造、呼和敖包布其-巴彦陶勒盖音敖包构造、绍日布格-呼和敖包布其构造、德力格尔音图-准布郎音沃博勒卓构造。除呼和敖包布其-包苏干乃额博勒者构造沿北西向分布外，其余大型构造走向基本为北东向，两种方向的大型构造在区域内相互错断，使部分构造带交会处成为错断密集区，总体构造格架清晰。

区域内共解译出中小型构造158条，预测工作区断裂主要为北东向及北西向两组断裂构造。其中北东向断裂多数地段被闪长玢岩脉沿断层侵入；北西向断裂为北东向断裂的派生构造。小型斑岩体的产出严格受该两组断裂的交会处所控制。

预测工作区内的环形构造非常密集，共解译出环形构造87个，其成因为中生代花岗岩类引起的环形构造、古生代花岗岩类引起的环形构造、与隐伏岩体有关的环形构造、火山机构或通道、成因不明的环形构造。环形构造在空间分布上没有明显的规律。本区中生代环形构造为侏罗纪—白垩纪中细粒花岗岩、花岗斑岩比较发育，与乌宾敖包组呈侵入接触。该阶段岩浆活动频繁，为铜、铅、锌、钼、钨、银的形成创造了有利条件。

2. 赋矿及控矿地质体

钼钨矿赋存于下中奥陶统乌宾敖包组与侏罗纪—白垩纪中细粒花岗岩、花岗闪长斑岩外接触带中。中细粒花岗岩中 Cu、Pb、Zn、Mo、W、Ag 等微量元素较富集，故本区矿（化）体的形成与之有密切关系。

区域成矿区带要素分2种类型：一种是赋矿地层，主要为下中奥陶统乌宾敖包组二段变质粉砂岩、粉砂质板岩、微晶大理岩、安山玢岩、安山岩、凝灰质粉砂质板岩等；岩石较破碎，蚀变强烈。W、Sb 等多种元素在土壤中均表现出一定的富集特征，异常组合元素由东向西具一定的水平分带性：高温元素组合—中高温元素组合—中低温元素组合。乌日尼图钨钼矿床的形成与之有一定的关系。另一种是控矿侵入岩为燕山期中细粒花岗岩、花岗斑岩边部以及岩体内的裂隙构造。

3. 遥感异常分布特征

预测工作区的羟基、铁染异常在全区范围分布,没有相对密集的条带块状异常区,分布无规律。

4. 遥感矿产预测分析

乌日尼图式热液型钨矿预测工作区共圈定出 5 个最小预测区。

(1)准伊勒根呼都格最小预测区:个别小型构造通过该区,有小片异常信息在区域内分布,区域内有个别环形构造—燕山期侵入体存在。

(2)巴彦洪格尔嘎查最小预测区:阿马德日海构造通过该区,区域内有小型构造,小片异常信息位于该区。

(3)格德勒哈沙最小预测区:陶伊格音夏日毛德环形构造通过该区,个别小型构造通过该区,并有赋矿地质体。

(4)沙尔布达尔干布其最小预测区:乌日尼勒图嘎查构造通过该区,与若干小型构造在该区内相交错断,有异常信息稀疏无规则分布,区域内有若干环形构造群,位于含矿地层内。

(5)达布哈尔哈沙最小预测区:该区处在若干小型构造与绍日布格-呼和敖包布其构造相交错断后围成的四边形构造格架中,有异常信息稀疏无规则分布,位于含矿地层内。

五、区域预测模型

根据预测工作区区域成矿要素和航磁、重力、遥感及化探特征,以地质剖面图为基础,叠加区域航磁及重力剖面图,以及时空展布特征等,总结出预测工作区预测模型如图 7-8 所示。

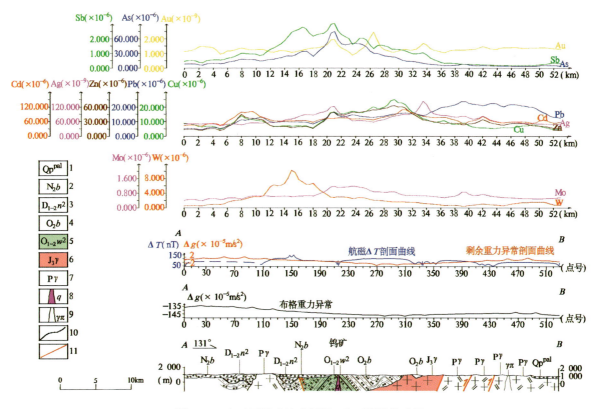

图 7-8 乌日尼图式钨矿预测工作区预测模型图

1. 更新统洪冲积物;2. 上新统宝格达乌拉组;3. 下中泥盆统泥鳅河组二段;4. 中奥陶统巴彦呼舒组;5. 下中奥陶统乌宾敖包组二段;6. 晚侏罗世花岗岩;7. 二叠纪花岗岩;8. 石英脉;9. 花岗斑岩脉;10. 地质界线;11. 断层

以区域成矿要素为基础,综合重力、航磁、化探、遥感等致矿信息,预测工作区预测要素见表 7-3。

表 7-3 乌日尼图式侵入岩体型钨矿乌日尼图预测工作区预测要素表

区域成矿要素		描述内容	要素类别
地质环境	大地构造位置	天山-兴蒙造山系(Ⅰ)大兴安岭弧盆系(Ⅰ-1)($Pt_3—T_2$)东乌旗-多宝山岛弧(Ⅰ-1-5)($O、D、C_2$)	必要
	成矿区(带)	大兴安岭成矿省(Ⅱ-12)东乌珠穆沁旗-嫩江(中强挤压区)铜、钼、铅、锌、金、钨、锡、铬成矿带(Ⅲ-6)二连-东乌旗钨、钼、铁、锌、铅、金、银、铬成矿亚带(Ⅲ-6-③)(V、Y)红格尔-乌日尼图钼、钨、金矿集区(V-45)	必要
	区域成矿类型及成矿时代	热液型,燕山期	必要
控矿地质条件	赋矿地质体	下中奥陶统乌宾敖包组二段中粒花岗岩、花岗斑岩外接触带中	重要
	控矿侵入岩	燕山期中粒花岗岩、花岗斑岩	必要
	主要控矿构造	北西向裂隙构造	重要
区内相同类型矿产		成矿区带内有 1 个钨钼矿点	重要
地球物理特征	重力异常	预测工作区区域重力场反映西部重力高、东部重力低,东部等值线近南北向延伸的特点。布格重力异常值在$(-160\sim-124.65)\times10^{-5}m/s^2$之间。预测工作区处于布格重力异常相对低值区。在剩余重力异常图上,预测工作区北部重力场平稳,预测工作区南部正、负剩余重力异常呈条带状北东东向展布,且相间排列。重力推断为断裂构造	重要
	磁法异常	在 1∶10 万航磁 ΔT 等值线平面图上预测工作区磁异常幅值范围为$-400\sim600nT$,背景值为$-100\sim100nT$,预测工作区北部以低缓负异常为主,预测工作区北西部和南部有不规则的高值磁异常,条带状,正负相间,轴向以北东向为主。乌日尼图钨矿位于预测工作区西部,磁场背景为平缓磁异常区,$0\sim100nT$ 等值线附近	重要
地球化学特征		W 元素化探异常	重要
遥感特征		遥感解译的断裂构造和推断的中生代隐伏侵入岩体	重要

第三节 矿产预测

一、综合地质信息定位预测

1. 变量提取及优选

根据典型矿床成矿要素及预测要素研究,及预测工作区提取的要素特征,本次选择网格单元作为预测单元,根据预测底图比例尺确定网格间距为 $1km\times1km$,图面网格间距为 $10mm\times10mm$。

根据对典型矿床成矿要素及预测要素的研究,选取以下变量。

地质体:下中奥陶统乌宾敖包组,共提取地质体 4 块,对提取地层周边的第四系及其以上的覆盖部分进行揭露。遥感解译推断的中生代隐伏侵入岩体,共提取地质体 23 块。

地质构造(包括遥感解译、重力解译):提取北北东—北西向地质断层,并根据断层的规模做缓冲区。

化探:W 元素化探异常起始值大于 2.0×10^{-9} 的范围。

重力:剩余重力起始值大于 $2\times 10^{-5}\mathrm{m/s^2}$。
航磁:航磁化极值大于 0nT 的范围。
遥感:遥感的环要素用于推测隐伏岩体存在。

2. 最小预测区圈定及优选

预测工作区内只有一个已知矿床,因此采用 MRAS 矿产资源 GIS 评价系统中少预测模型工程,添加地质体、断层、剩余重力、航磁化极、遥感线要素、已知矿床(点)等必要要素,利用网格单元法进行定位预测。采用空间评价中数量化理论Ⅲ、聚类分析、神经网络分析等方法进行预测,比照各类方法的结果,确定采用神经网络分析法进行评价,再结合综合信息法叠加各预测要素圈定最小预测区,选择乌日尼图钨矿床所在单元为种子单元。

根据圈定的最小预测区范围,选择乌日尼图典型矿床所在的最小预测区为模型区,模型区内出露的地质体为乌宾敖包组绢云板岩、变质砂岩及灰岩透镜体,W 元素化探异常起始值大于 4.1×10^{-9},模型区内有一条规模较大、与成矿有关的北西向断层,南西及南东方向各有一处遥感推断的中生代隐伏岩体。

本次利用证据权重法,采用地质单元,在 MRAS2.0 下进行预测工作区的圈定与优选。然后在 MapGIS 下,根据优选结果圈定成为不规则形状。

3. 最小预测区圈定结果

最终圈定 24 个最小预测区,其中 A 级区 1 个,B 级区 4 个,C 级区 19 个(表 7-4,图 7-9)。

表 7-4 乌日尼图钨矿预测工作区最小预测区一览表

序号	最小预测区编号	最小预测区名称	序号	最小预测区编号	最小预测区名称
1	A1508205001	乌日尼图	13	C1508205008	套伊根布其东
2	B1508205001	哈尔陶勒盖布其南	14	C1508205009	乌日尼勒特嘎查
3	B1508205002	舒日布格东	15	C1508205010	洪格尔苏木
4	B1508205003	沙尔布达尔干布其	16	C1508205011	恩格仁布其
5	B1508205004	巴彦花音布其北	17	C1508205012	舒日布格
6	C1508205001	那仁哈沙图棚	18	C1508205013	达布哈尔哈沙
7	C1508205002	吉兴音哈尔陶勒盖音布其	19	C1508205014	舒日昌特嘎查东
8	C1508205003	准伊勒根呼都格北东	20	C1508205015	布拉格图
9	C1508205004	巴嘎冈干乃布其	21	C1508205016	巴彦花音布其东
10	C1508205005	古尔班呼都格	22	C1508205017	乌兰呼都格
11	C1508205006	达布苏图	23	C1508205018	巴彦布拉格陶尔
12	C1508205007	阿尔苏金北	24	C1508205019	哈登呼舒呼都格

4. 最小预测区地质评价

本次利用证据权重法,采用地质单元,在 MRAS2.0 下进行预测区的圈定与优选。然后在 MapGIS 下,根据优选结果圈定成为不规则形状。最终圈定 24 个最小预测区,其中 A 级区 1 个,总面积 $44.07\mathrm{km^2}$;B 级区 4 个,总面积 $174.35\mathrm{km^2}$;C 级区 19 个,总面积 $586.32\mathrm{km^2}$。

所圈定的 24 个最小预测区,各级别面积分布合理,且已知矿床(点)分布在 A 级预测区内,说明预测区优选分级原则较为合理;最小预测区圈定结果表明,预测区总体与区域成矿地质背景和物化探异常等吻合程度较好(表7-5),存在或可能发现钨矿产地的可能性高,具有一定的可信度。

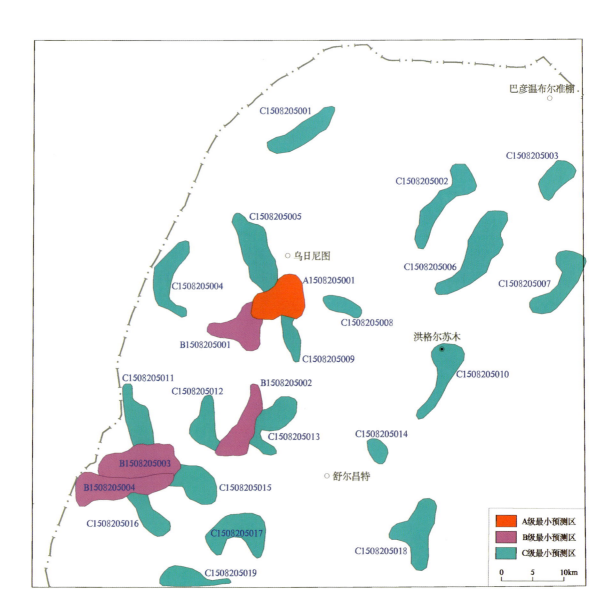

图7-9 乌日尼图钨矿预测工作区最小预测区优选分布图

二、综合信息地质体积法估算资源量

（一）典型矿床深部及外围资源量估算

资料来源于内蒙古自治区地质调查院2010年3月完成的《内蒙古苏尼特左旗乌日尼图铜锌钼矿详细普查报告》。典型矿床预测模型的面积（$S_{典}$）及外推面积（$S_{外}$）是根据乌日尼图钨矿典型矿床1∶2 000地形地质图圈闭计算。由钻孔ZK560-3得知勘查深度为800m,垂矿体均已控制,但800m以下含矿岩系仍存在,故下延采用50m（$H_{深}$）。

表 7-5 乌日尼图钨矿预测工作区最小预测区成矿条件和找矿潜力一览表

最小预测区编号	最小预测区名称	最小预测区成矿条件及找矿潜力
A1508205001	乌日尼图	找矿潜力大,含矿岩系出露面积及延伸大,有中生代隐伏岩体,化探异常高,有乌日尼图中型钨矿床
B1508205001	哈尔陶勒盖布其南	找矿潜力较大,含矿岩系出露面积及延伸大,化探异常高,外围有乌日尼图中型钨矿床
B1508205002	舒日布格东	找矿潜力较大,含矿岩系出露面积小,有化探异常,位于乌日尼图中型钨矿床南
B1508205003	沙尔布达尔干布其	找矿潜力较大,含矿岩系出露面积较大,有化探异常,位于乌日尼图中型钨矿床南西
B1508205004	巴彦花音布其北	找矿潜力较大,含矿岩系出露面积及延伸大,化探异常高,位于乌日尼图中型钨矿床南西
C1508205001	那仁哈沙图棚	有一定找矿潜力,无含矿岩系出露,断裂发育,有化探异常,有中生代隐伏岩体,位于乌日尼图中型钨矿床北
C1508205002	吉兴音哈尔陶勒盖音布其	有一定找矿潜力,无含矿岩系出露,断裂发育,有化探异常,有中生代隐伏岩体,位于乌日尼图中型钨矿床北东
C1508205003	准伊勒根呼都格北东	有一定找矿潜力,含矿岩系出露面积及延伸大,化探异常高,位于乌日尼图中型钨矿床北东
C1508205004	巴嘎冈干乃布其	有一定找矿潜力,无含矿岩系出露,断裂发育,有化探异常,有中生代隐伏岩体,位于乌日尼图中型钨矿床北西
C1508205005	古尔班呼都格	有一定找矿潜力,无含矿岩系出露,断裂发育,有化探异常,位于乌日尼图中型钨矿床北西
C1508205006	达布苏图	有一定找矿潜力,无含矿岩系出露,断裂发育,有化探异常,位于乌日尼图中型钨矿床北
C1508205007	阿尔苏金北	无含矿岩系出露,断裂发育,有化探异常,位于乌日尼图中型钨矿床北东
C1508205008	套伊根布其东	无含矿岩系出露,断裂发育,有化探异常,有中生代隐伏岩体,位于乌日尼图中型钨矿床东
C1508205009	乌日尼勒特嘎查	有一定找矿潜力,无含矿岩系出露,断裂发育,有化探异常,有中生代隐伏岩体,位于乌日尼图中型钨矿床东
C1508205010	洪格尔苏木	有一定找矿潜力,无含矿岩系出露,断裂发育,有化探异常,有中生代隐伏岩体,位于乌日尼图中型钨矿床东
C1508205011	恩格仁布其	有一定找矿潜力,无含矿岩系出露,断裂发育,有化探异常,有中生代隐伏岩体,位于乌日尼图中型钨矿床南西
C1508205012	舒日布格	无含矿岩系出露,断裂发育,有化探异常,有中生代隐伏岩体,位于乌日尼图中型钨矿床南西
C1508205013	达布哈尔哈沙	有一定找矿潜力,无含矿岩系出露,断裂发育,有化探异常,位于乌日尼图中型钨矿床南东
C1508205014	舒日昌特嘎查东	有一定找矿潜力,无含矿岩系出露,断裂发育,有化探异常,位于乌日尼图中型钨矿床南东
C1508205015	布拉格图	有一定找矿潜力,无含矿岩系出露,断裂发育,有化探异常,位于乌日尼图中型钨矿床南西
C1508205016	巴彦花音布其东	有一定找矿潜力,无含矿岩系出露,断裂发育,有化探异常,位于乌日尼图中型钨矿床南西
C1508205017	乌兰呼都格	有一定找矿潜力,无含矿岩系出露,断裂发育,有化探异常,有中生代隐伏岩体,位于乌日尼图中型钨矿床南西
C1508205018	巴彦布拉格陶尔	有一定找矿潜力,无含矿岩系出露,断裂发育,有化探异常,有中生代隐伏岩体,位于乌日尼图中型钨矿床东
C1508205019	哈登呼舒呼都格	有一定找矿潜力,无含矿岩系出露,断裂发育,有化探异常,有中生代隐伏岩体,位于乌日尼图中型钨矿床南西

乌日尼图典型矿床体积含矿率($K_{典}$)＝查明资源储量($Z_{典}$)÷($S_{典} \times H_{典}$)＝58 155÷(740 310×800)＝0.000 1(t/m³)。

典型矿床深部(下延)预测资源量($Z_{深}$)＝$S_{典} \times H_{深} \times K_{典}$＝740 310×50×0.000 1＝3 702(t)。

典型矿床外推预测资源量($Z_{外}$)＝$S_{外} \times [H_{典}+H_{深}] \times K_{典}$＝133 895×[800+50]×0.000 1＝11 381(t)。

典型矿床资源总量($Z_{典总}$)＝查明资源储量($Z_{典}$)＋深部(下延)预测资源量($Z_{深}$)＋外推预测资源量($Z_{外}$)＝58 155+3 702+11 381＝73 238t。

典型矿床总面积＝查明部分矿床面积＋预测外围部分矿床面积＝740 310+133 895＝874 205(m²)。

总延深＝查明矿床深度($H_{典}$)＋下延深度($H_{深}$)＝800+50＝850(m)(表7-6)。

表7-6 乌日尼图钨矿典型矿床深部及外围资源量估算一览表

典型矿床		深部及外围		
已查明资源量(t)	58 155	深部	面积(m²)	740 310
面积(m²)	740 310		深度(m)	50
深度(m)	800	外围	面积(m²)	133 895
品位(%)	0.725(WO₃)		深度(m)	850
体重(t/m³)	2.78	预测资源量(t)		15 089
体积含矿率(t/m³)	0.000 1	典型矿床资源总量(t)		73 238

(二)模型区的确定、资源量及估算参数

由于乌日尼图钼钨矿床位于乌日尼图模型区内,预测工作区内再没有其他矿床(点),因此该模型区资源总量等于典型矿床资源总量。模型区总资源量＝查明资源量＋预测资源量＝73 238(t),模型区延深与典型矿床一致为850m;模型区面积经MapGIS软件下读取数据为模型区面积($S_{模}$)＝44 072 526(m²)(表7-7)。

由于模型区内含矿地质体边界可以确切圈定,且其面积与模型区面积一致,故该区含矿地质体面积参数为1。

乌日尼图模型区含矿地质体含矿系数＝资源总量÷含矿地质体总体积＝73 238÷(44 072 526×850)＝0.000 002(t/m³)。

表7-7 乌日尼图式侵入岩体型钨矿预测资源量及其估算参数

名称	经度	纬度	模型区预测资源量(t)	模型区面积(m²)	延深(m)	含矿地质体面积(m²)	含矿地质体面积参数	含矿地质体总体积(m³)	含矿地质体含矿系数(t/m³)
乌日尼图	1115306.15	444425.95	73 238	44 072 526	850	44 072 526	1	37 461 647 100	0.000 002

(三)最小预测区预测资源量

1. 估算方法的选择

乌日尼图钨矿预测工作区最小预测区资源量定量估算采用地质体积法进行估算(表7-8)。

表 7-8 乌日尼图式侵入岩体型钨矿预测工作区资源量估算方法表

预测工作区编号	预测工作区名称	资源量估算方法
1508205	乌日尼图式侵入岩体型钨矿预测工作区	地质体积法

2. 估算参数的确定

1) 最小预测区面积圈定方法及圈定结果

预测区的圈定与优选采用少模型方法中的神经网络法。

乌日尼图预测工作区预测底图精度为1:10万,利用规则地质单元作为预测单元,并根据成矿有利度[含矿地质体、控矿构造、矿(化)点、找矿线索及物化探异常]、地理交通及开发条件和其他相关条件,将预测工作区内最小预测区级别分为A、B、C三个等级。

预测地质变量有下中奥陶统乌宾敖包组、遥感解译推断的中生代隐伏侵入岩体、地质构造(包括遥感解译、重力解译)、航磁化极、剩余重力异常及化探异常。

在MRAS2.0下进行预测工作区区域的圈定与优选。然后在MapGIS下,根据优选结果圈定成为不规则形状。最终圈定24个最小预测区,其中A级区1个,B级区4个,C级区19个。各级别面积分布合理,且已知矿床(点)分布在A级预测区内,说明预测区优选分级原则较为合理;最小预测区圈定结果表明,预测区总体与区域成矿地质背景和物化探异常等吻合程度较好(表7-9)。

表 7-9 乌日尼图钨矿预测工作区最小预测区面积圈定大小及方法依据

最小预测区编号	最小预测区名称	经度	纬度	面积(m²)	面积参数确定依据
A1508205001	乌日尼图	1115306.15	444425.95	44 072 526	依据MRAS2.0所形成的色块区与预测工作区底图重叠区域,并结合含矿地质体、已知矿床、矿(化)点及化探异常范围
B1508205001	哈尔陶勒盖布其南	1114737.23	444158.83	33 121 295	
B1508205002	舒日布格东	1114912.11	443404.22	35 718 672	
B1508205003	沙尔布达尔干布其	1113605.29	443038.58	54 048 238	
B1508205004	巴彦花音布其北	1113326.58	442813.30	51 461 259	
C1508205001	那仁哈沙图棚	1115637.53	445826.81	31 849 545	
C1508205002	吉兴音哈尔陶勒盖音布其	1121159.54	445159.39	39 251 462	
C1508205003	准伊勒根呼都格北东	1122628.82	445406.33	20 927 786	
C1508205004	巴嘎冈干乃布其	1113848.03	444556.97	33 357 428	
C1508205005	古尔班呼都格	1115016.43	444808.50	48 085 769	
C1508205006	达布苏图	1121743.71	444804.24	59 085 369	
C1508205007	阿尔苏金北	1122805.33	444532.01	37 080 996	
C1508205008	套伊根布其东	1120051.69	444335.23	12 962 022	
C1508205009	乌日尼勒特嘎查	1115437.04	444054.33	14 260 218	
C1508205010	洪格尔苏木	1121254.33	443716.25	32 817 914	
C1508205011	恩格仁布其	1113541.20	443428.55	28 989 718	
C1508205012	舒日布格	1114351.49	443351.03	24 725 487	
C1508205013	达布哈尔哈沙	1115158.24	443335.42	32 376 257	

续表 7-9

最小预测区编号	最小预测区名称	经度	纬度	面积(m^2)	面积参数确定依据
C1508205014	舒日昌特嘎查东	1120505.10	443125.10	9 274 273	依据 MRAS2.0 所形成的色块区与预测工作区底图重叠区域,并结合含矿地质体、已知矿床、矿(化)点及化探异常范围
C1508205015	布拉格图	1114235.08	442839.57	31 411 665	
C1508205016	巴彦花音布其东	1113713.20	442607.45	22 146 536	
C1508205017	乌兰呼都格	1114746.08	442421.87	42 702 510	
C1508205018	巴彦布拉格陶尔	1120845.59	442425.69	42 476 760	
C1508205019	哈登呼舒呼都格	1114115.28	442056.90	22543376	

2)延深参数的确定及结果

延深参数的确定是在研究最小预测区含矿地质体地质特征、岩体的形成深度、矿化蚀变、矿化类型的基础上,并对比典型矿床特征的基础上综合确定的,由模型区 560 勘探线及钻孔 ZK560-3 得知钨矿最大见矿深度为 800m,垂矿体均已控制,因 C 级储量的勘探网为 100m×100m,故下延采用 50m,另外从乌日尼图典型矿床分析,钨矿体的赋存深度有西部浅东部深的特征。其他最小预测区预测深度根据含矿岩系的出露宽度、产状及断裂、化探异常特征等来确定或专家估计给出,部分最小预测区地表为新生界覆盖,据物探反演推断埋深约 200m,详见表 7-10。

表 7-10 乌日尼图钨矿预测工作区最小预测区延深圈定大小及方法依据

最小预测区编号	最小预测区名称	经度	纬度	延深(m)	延深参数确定依据
A1508205001	乌日尼图	1115306.15	444425.95	850	含矿岩系出露面积及延伸大,化探异常高,有乌日尼图中型钨矿床
B1508205001	哈尔陶勒布其南	1114737.23	444158.83	800	含矿岩系出露面积及延伸大,化探异常高,外围有乌日尼图中型钨矿床
B1508205002	舒日布格东	1114912.11	443404.22	800	含矿岩系出露面积小,有化探异常,位于乌日尼图中型钨矿床南
B1508205003	沙尔布达尔干布其	1113605.29	443038.58	750	含矿岩系出露面积较大,有化探异常,位于乌日尼图中型钨矿床南西
B1508205004	巴彦花音布其北	1113326.58	442813.30	750	含矿岩系出露面积及延伸大,化探异常高,位于乌日尼图中型钨矿床南西
C1508205001	那仁哈沙图棚	1115637.53	445826.81	700	无含矿岩系出露,断裂发育,有化探异常,有中生代隐伏岩体,位于乌日尼图中型钨矿床北
C1508205002	吉兴音哈尔陶勒盖音布其	1121159.54	445159.39	750	无含矿岩系出露,断裂发育,有化探异常,有中生代隐伏岩体,位于乌日尼图中型钨矿床北东
C1508205003	准伊勒根呼都格北东	1122628.82	445406.33	750	含矿岩系出露面积及延伸大,化探异常高,位于乌日尼图中型钨矿床北东
C1508205004	巴嘎冈干乃布其	1113848.03	444556.97	700	无含矿岩系出露,断裂发育,有化探异常,有中生代隐伏岩体,位于乌日尼图中型钨矿床北西
C1508205005	古尔班呼都格	1115016.43	444808.50	700	无含矿岩系出露,断裂发育,有化探异常,位于乌日尼图中型钨矿床北西

续表 7-10

最小预测区编号	最小预测区名称	经度	纬度	延深(m)	延深参数确定依据
C1508205006	达布苏图	1121743.71	444804.24	750	无含矿岩系出露,断裂发育,有化探异常,位于乌日尼图中型钨矿床北东
C1508205007	阿尔苏金北	1122805.33	444532.01	750	无含矿岩系出露,断裂发育,有化探异常,位于乌日尼图中型钨矿床北东
C1508205008	套伊根布其东	1120051.69	444335.23	800	无含矿岩系出露,断裂发育,有化探异常,有中生代隐伏岩体,位于乌日尼图中型钨矿床东
C1508205009	乌日尼勒特嘎查	1115437.04	444054.33	800	无含矿岩系出露,断裂发育,有化探异常,有中生代隐伏岩体,位于乌日尼图中型钨矿床东
C1508205010	洪格尔苏木	1121254.33	443716.25	800	无含矿岩系出露,断裂发育,有化探异常,有中生代隐伏岩体,位于乌日尼图中型钨矿床东
C1508205011	恩格仁布其	1113541.20	443428.55	750	无含矿岩系出露,断裂发育,有化探异常,有中生代隐伏岩体,位于乌日尼图中型钨矿床南西
C1508205012	舒日布格	1114351.49	443351.03	750	无含矿岩系出露,断裂发育,有化探异常,有中生代隐伏岩体,位于乌日尼图中型钨矿床南西
C1508205013	达布哈尔哈沙	1115158.24	443335.42	800	无含矿岩系出露,断裂发育,有化探异常,有中生代隐伏岩体,位于乌日尼图中型钨矿床南东
C1508205014	舒日昌特嘎查东	1120505.10	443125.10	800	无含矿岩系出露,断裂发育,有化探异常,位于乌日尼图中型钨矿床南东
C1508205015	布拉格图	1114235.08	442839.57	750	无含矿岩系出露,断裂发育,有化探异常,位于乌日尼图中型钨矿床南西
C1508205016	巴彦花音布其东	1113713.20	442607.45	750	无含矿岩系出露,断裂发育,有化探异常,位于乌日尼图中型钨矿床南西
C1508205017	乌兰呼都格	1114746.08	442421.87	750	无含矿岩系出露,断裂发育,有化探异常,有中生代隐伏岩体,位于乌日尼图中型钨矿床南西
C1508205018	巴彦布拉格陶尔	1120845.59	442425.69	800	无含矿岩系出露,断裂发育,有化探异常,有中生代隐伏岩体,位于乌日尼图中型钨矿床东
C1508205019	哈登呼舒呼都格	1114115.28	442056.90	750	无含矿岩系出露,断裂发育,有化探异常,有中生代隐伏岩体,位于乌日尼图中型钨矿床南西

3)品位和体重的确定

预测工作区内再无其他矿床、矿点,最小预测区品位、体重均采用乌日尼图典型矿床资料,平均品位和体重分别为 WO_3 0.725%、2.78t/m³。

4)相似系数的确定

乌日尼图钨矿预测工作区最小预测区相似系数的确定,主要依据最小预测区内含矿地质体本身出露的大小、地质构造发育程度不同、化探异常强度、矿化蚀变发育程度及矿(化)点的多少等因素,由专家确定。各最小预测区相似系数见表 7-11。

表 7-11 乌日尼图钨矿预测工作区最小预测区品位、体重及相似系数表

最小预测区编号	最小预测区名称	经度	纬度	WO_3品位(%)	体重(t/m^3)	相似系数
A1508205001	乌日尼图	1115306.15	444425.95	0.725	2.78	0.5
B1508205001	哈尔陶勒盖布其南	1114737.23	444158.83	0.725	2.78	0.2
B1508205002	舒日布格东	1114912.11	443404.22	0.725	2.78	0.2
B1508205003	沙尔布达尔干布其	1113605.29	443038.58	0.725	2.78	0.2
B1508205004	巴彦花音布其北	1113326.58	442813.30	0.725	2.78	0.2
C1508205001	那仁哈沙图棚	1115637.53	445826.81	0.725	2.78	0.1
C1508205002	吉兴音哈尔陶勒盖音布其	1121159.54	445159.39	0.725	2.78	0.1
C1508205003	准伊勒根呼都格北东	1122628.82	445406.33	0.725	2.78	0.1
C1508205004	巴嘎冈干乃布其	1113848.03	444556.97	0.725	2.78	0.1
C1508205005	古尔班呼都格	1115016.43	444808.50	0.725	2.78	0.1
C1508205006	达布苏图	1121743.71	444804.24	0.725	2.78	0.1
C1508205007	阿尔苏金北	1122805.33	444532.01	0.725	2.78	0.1
C1508205008	套伊根布其东	1120051.69	444335.23	0.725	2.78	0.1
C1508205009	乌日尼勒特嘎查	1115437.04	444054.33	0.725	2.78	0.1
C1508205010	洪格尔苏木	1121254.33	443716.25	0.725	2.78	0.1
C1508205011	恩格仁布其	1113541.20	443428.55	0.725	2.78	0.1
C1508205012	舒日布格	1114351.49	443351.03	0.725	2.78	0.1
C1508205013	达布哈尔哈沙	1115158.24	443335.42	0.725	2.78	0.1
C1508205014	舒日昌特嘎查东	1120505.10	443125.10	0.725	2.78	0.1
C1508205015	布拉格图	1114235.08	442839.57	0.725	2.78	0.1
C1508205016	巴彦花音布其东	1113713.20	442607.45	0.725	2.78	0.1
C1508205017	乌兰呼都格	1114746.08	442421.87	0.725	2.78	0.1
C1508205018	巴彦布拉格陶尔	1120845.59	442425.69	0.725	2.78	0.1
C1508205019	哈登呼舒呼都格	1114115.28	442056.90	0.725	2.78	0.1

3. 最小预测区预测资源量估算结果

含矿地质体难以确切圈定边界,应用预测区预测资源量公式如下。

$$Z_{预} = S_{预} \times H_{预} \times K_s \times K \times \alpha$$

式中,$Z_{预}$为预测区预测资源量;$S_{预}$为预测区面积;$H_{预}$为预测区延深(指预测区含矿地质体延深);K_s为含矿地质体面积参数;K为模型区矿床的含矿系数;α为相似系数。

根据上述公式,求得最小预测区资源量。本次预测资源总量为 140 152.95t,其中不包括预测区中乌日尼图钨矿床已查明资源量 58 155t,详见表 7-12。

表 7-12 乌日尼图钨矿预测工作区最小预测区估算成果表

最小预测区编号	最小预测区名称	$S_{预}$ (km²)	K_s	K (t/m³)	α	计算资源量(t)	已查明资源量(t)	预测资源量(t)	资源量级别
A1508205001	乌日尼图	44.07	1	0.000 002	0.5	73 238	58 155	15 089	334-1
B1508205001	哈尔陶勒盖布其南	33.12	1	0.000 002	0.2	10 360.41	—	10 360.41	334-2
B1508205002	舒日布格东	35.72	1	0.000 002	0.2	11 172.87	—	11 172.87	334-2
B1508205003	沙尔布达尔干布其	54.05	1	0.000 002	0.2	15 849.75	—	15 849.75	334-2
B1508205004	巴彦花音布其北	51.46	1	0.000 002	0.2	15 091.11	—	15 091.11	334-2
C1508205001	那仁哈沙图棚	31.85	1	0.000 002	0.1	3 113.31	—	3 113.31	334-3
C1508205002	吉兴音哈尔陶勒盖音布其	39.25	1	0.000 002	0.1	4 220.54	—	4 220.54	334-3
C1508205003	准伊勒根呼都格北东	20.93	1	0.000 002	0.1	2 250.27	—	2 250.27	334-3
C1508205004	巴嘎冈干乃布其	33.36	1	0.000 002	0.1	4 564.99	—	4 564.99	334-3
C1508205005	古尔班呼都格	48.08	1	0.000 002	0.1	4 700.41	—	4 700.41	334-3
C1508205006	达布苏图	59.08	1	0.000 002	0.1	8 663.45	—	8 663.45	334-3
C1508205007	阿尔苏金北	37.08	1	0.000 002	0.1	3 987.16	—	3 987.16	334-3
C1508205008	套伊根布其东	12.96	1	0.000 002	0.1	2 027.27	—	2 027.27	334-3
C1508205009	乌日尼勒特嘎查	14.26	1	0.000 002	0.1	2 230.31	—	2 230.31	334-3
C1508205010	洪格尔苏木	32.82	1	0.000 002	0.1	5 132.76	—	5 132.76	334-3
C1508205011	恩格仁布其	29.00	1	0.000 002	0.1	4 250.65	—	4 250.65	334-3
C1508205012	舒日布格	24.72	1	0.000 002	0.1	2 658.63	—	2 658.63	334-3
C1508205013	达布哈尔哈沙	32.38	1	0.000 002	0.1	5 063.68	—	5 063.68	334-3
C1508205014	舒日昌特嘎查东	9.27	1	0.000 002	0.1	1 087.88	—	1 087.88	334-3
C1508205015	布拉格图	31.41	1	0.000 002	0.1	3 377.56	—	3 377.56	334-3
C1508205016	巴彦花音布其东	22.15	1	0.000 002	0.1	2 381.32	—	2 381.32	334-3
C1508205017	乌兰呼都格	42.70	1	0.000 002	0.1	4 591.62	—	4 591.62	334-3
C1508205018	巴彦布拉格陶尔	42.48	1	0.000 002	0.1	4 982.56	—	4 982.56	334-3
C1508205019	哈登呼舒呼都格	22.54	1	0.000 002	0.1	3 305.44	—	3 305.44	334-3

(四)预测工作区资源总量成果汇总

1. 按精度

乌日尼图式侵入岩体型钨矿预测工作区地质体积法预测资源量,依据资源量级别划分标准,可划分为 334-1、334-2 和 334-3 三个资源量精度级别,各级别资源量见表 7-13。

表 7-13 乌日尼图式侵入岩体型钨矿预测工作区预测资源量精度统计表 单位:t

预测工作区编号	预测工作区名称	精度		
		334-1	334-2	334-3
1508205	乌日尼图式侵入岩体型钨矿预测工作区	36 040.07	52 474.15	72 589.82

2. 按深度

乌日尼图式侵入岩体型钨矿预测工作区中,根据各最小预测区内含矿地质体(地层、侵入岩及构造)特征,预测深度在 700~850m 之间,其资源量按预测深度统计结果见表 7-14。

表 7-14 乌日尼图式侵入岩体型钨矿预测工作区预测资源量深度统计表　　　　单位:t

预测工作区编号	预测工作区名称	500m 以浅			1 000m 以浅		
		334-1	334-2	334-3	334-1	334-2	334-3
1508205	乌日尼图式侵入岩体型钨矿预测工作区	21 200.04	34 085.54	38 119.49	36 040.07	52 474.15	72 589.82
		总计:93 405.08			总计:161 104.04		

3. 按矿产预测类型

乌日尼图式侵入岩体型钨矿预测工作区中,预测方法类型为侵入岩体型,其资源量统计结果见表 7-15。

表 7-15 乌日尼图式侵入岩体型钨矿预测工作区预测资源量矿产类型精度统计表　　　　单位:t

预测工作区编号	预测工作区名称	侵入岩体型		
		334-1	334-2	334-3
1508205	乌日尼图式侵入岩体型钨矿预测工作区	36 040.07	52 474.15	72 589.82
		总计:161 104.04		

4. 按可利用性类别

可利用性类别的划分,主要依据如下。
(1)深度可利用性(500m、1000m):经专家确定为 850m。
(2)当前开采经济条件可利用性:在 850m 以浅均可利用。
(3)矿石可选性:矿石为白钨矿,均可选。
(4)外部交通、水电环境可利用性:预测工作区的外部交通、水电环境均较好。
综合上述 4 个方面,预测工作区资源量均为可利用的预测资源量(表 7-16)。

表 7-16 乌日尼图式侵入岩体型钨矿预测工作区预测资源量可利用性统计表　　　　单位:t

预测工作区编号	预测工作区名称	可利用		
		334-1	334-2	334-3
1508205	乌日尼图式侵入岩体型钨矿预测工作区	36 040.07	52 474.15	72 589.82
		总计:161 104.04		

5. 按可信度统计分析

乌日尼图式侵入岩体型钨矿预测工作区预测资源量可信度统计结果见表 7-17。可信度统计结果平均为 0.51。预测资源量可信度估计概率大于等于 0.75 的有 36 040.07t,大于等于 0.50 的有 95 848.06t,大于等于 0.25 的有 161 104.02t。

表 7-17 乌日尼图式侵入岩体型钨矿预测工作区预测资源量可信度统计表　　　　单位:t

预测工作区编号	预测工作区名称	≥0.75			≥0.50			≥0.25		
		334-1	334-2	334-3	334-1	334-2	334-3	334-1	334-2	334-3
1508205	乌日尼图式侵入岩体型矿预测工作区	36 040.07	—	—	36 040.07	52 474.15	7 333.84	36 040.07	52 474.15	72 589.82
合计		36 040.07			95 848.06			161 104.02		

6. 按级别分类统计

依据最小预测区地质矿产、物探及遥感异常等综合特征,并结合资源量估算和预测工作区优选结果,将最小预测区划分为 A 级、B 级和 C 级 3 个等级,其预测资源量分别为 36 040.07t、52 474.14t 和 72 589.81t,总量为 161 104.02t(表 7-18)。

表 7-18 乌日尼图式侵入岩体型钨矿预测工作区预测资源量级别分类统计表　　　　单位:t

预测工作区编号	预测工作区名称	级别		
		A 级	B 级	C 级
1508205	乌日尼图式侵入岩体型钨矿预测工作区	36 040.07	52 474.14	72 589.81
		总计:161 104.02		

第八章 钨单矿种资源总量潜力分析

第一节 钨单矿种估算资源量与资源现状对比

截至 2009 年,内蒙古自治区共有钨矿上表单元 22 个,其中包括钨矿产地 12 处、共生钨矿上表单元 5 个、伴生钨矿上表单元 5 个。年度上表单元数与上年相同;新增钨矿查明资源量(WO_3)20.41×10^4 t,其中基础储量 6.32×10^4 t,资源量 14.09×10^4 t,基础储量和资源量分别占全区查明资源总量的 31.0% 和 69.0%(表 8-1)。

表 8-1 2009 年全区分盟市钨矿保有资源储量及矿山占用情况统计表

行政区	上表单元（个）	资源储量合计(t)	矿山占用登记 保有资源储量(t)	矿山占用登记 比例(%)	未占用登记 保有资源储量(t)	未占用登记 比例(%)
内蒙古自治区	20	186 794	83 380	45	103 414	55
赤峰市	5	104 627	57 541	55	47 087	45
通辽市	3	1 247	—	0	1 247	100
乌兰察布市	2	555	480	86	75	14
锡林郭勒盟	8	66 466	25 217	38	41 250	62
阿拉善盟	2	13 898	142	1	13 756	99

注:表中"上表单元"不包括已闭坑的上表单元(即保有资源储量为 0 的上表单元)。

全区钨矿保有资源储量(WO_3)18.68×10^4 t,位居全国第九位。其中,保有基础储量 4.74×10^4 t,资源量 13.94×10^4 t,基础储量和资源量分别占全区保有资源储量的 25.4% 和 74.6%。与上年度相比,全区钨矿保有资源储量净减 0.12×10^4 t,减少了 0.6%。

全区钨矿资源主要分布在赤峰市、锡林郭勒盟和阿拉善盟,3 个盟(市)保有资源储量占全区的 99.0%。其中赤峰市(主要有黄岗铁矿共生钨矿等)保有资源储量达 10.46×10^4 t,占全区的 56.0%;锡林郭勒盟(主要有沙麦式钨矿、白石头洼式钨矿、道伦达坝式多金属矿等)保有资源储量为 6.65×10^4 t,占全区的 35.6%;阿拉善盟(主要有七一山式钨钼矿等)保有资源储量为 1.39×10^4 t,占全区的 7.4%。除共生、伴生上表单元外,在全区 12 个钨矿产地中,查明资源储量规模达中型的 4 处,保有资源储量为 7.30×10^4 t,仅占全区钨矿保有资源储量的 39.1%。

2009 年,全区矿山已进行占用登记的保有资源储量为 8.34×10^4 t,占全区总量的 45%。

2009 年,全区矿山开采消耗上表钨矿资源储量为 0.10×10^4 t,其中开采量 0.08×10^4 t,缺失 0.02×10^4 t。

第二节 预测资源量潜力分析

一、预测工作区钨矿预测资源量

5个预测工作区共圈定最小预测区124个,总面积为2 991.86km²。其中A级最小预测区17个,面积为433.84km²;B级最小预测区49个,面积为1 553.19km²;C级最小预测区58个,面积为1 394.83km²。共获得资源量419 249.17t。

1. 按方法

内蒙古自治区钨矿预测资源量用地质体积法预测量见表8-2。

表8-2 内蒙古自治区钨矿预测资源量方法统计表　　　　　　　　　　　　　　　　　　　单位:t

预测工作区编号	预测工作区名称	预测工作区范围	地质体积法
1508201	沙麦式侵入岩体型钨矿沙麦预测工作区	东经:116°00′00″—118°00′00″, 北纬:45°40′00″—46°40′00″	97 679.10
1508202	白石头洼式侵入岩体型钨矿白石头洼预测工作区	东经:112°30′00″—117°00′00″, 北纬:41°20′00″—43°00′00″	111 524.91
1508203	七一山式侵入岩体型钨矿七一山预测工作区	东经:99°00′00″—100°30′00″, 北纬:41°00′00″—42°00′00″	38 845.62
1508204	大麦地式侵入岩体型钨矿大麦地预测工作区	东经:121°00′00″—121°45′00″, 北纬:42°20′00″—42°40′00″	10 095.52
1508205	乌日尼图式侵入岩体型钨矿乌日尼图预测工作区	东经:111°23′00″—112°30′00″, 北纬:44°20′00″—45°06′00″	161 104.02
内蒙古自治区钨矿预测资源量合计			419 249.17

2. 按精度

按精度划分,本次预测工作共获得334-1级资源量146 140.50t,334-2级资源量106 232.80t,334-3级资源量166 875.79t(表8-3,图8-1)。

表8-3 内蒙古自治区钨矿预测资源量精度统计表　　　　　　　　　　　　　　　　　　　单位:t

预测工作区编号	预测工作区名称	精度			总计
		334-1	334-2	334-3	
1508201	沙麦式侵入岩体型钨矿沙麦预测工作区	34 638.16	—	63 040.94	97 679.10
1508202	白石头洼式侵入岩体型钨矿白石头洼预测工作区	51 750.44	45 897.53	13 876.94	111 524.91
1508203	七一山式侵入岩体型钨矿七一山预测工作区	20 311.75	1 165.78	17 368.09	38 845.62
1508204	大麦地式侵入岩体型钨矿大麦地预测工作区	3 400.15	6 695.37	—	10 095.52
1508205	乌日尼图式侵入岩体型钨矿乌日尼图预测工作区	36 040.07	52 474.15	72 589.82	161 104.02
内蒙古自治区钨矿预测资源量合计		146 140.57	106 232.83	166 875.79	419 249.17

注:表中数据不含已查明资源量。

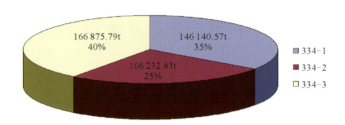

图8-1 内蒙古自治区钨矿预测资源量按精度统计图

3. 按深度

按预测工作区不同深度进行统计,500m以浅各精度预测资源量345 364.48t,1 000m以浅预测资源量419 249.17t,2 000m以浅预测资源量419 249.17t(表8-4,图8-2)

表8-4 内蒙古自治区钨矿预测资源量按深度统计表　　　　　　　　　　　　　　　　单位:t

预测工作区编号	预测工作区名称	500m以浅				1 000m以浅			
		334-1	334-2	334-3	总计	334-1	334-2	334-3	总计
1508201	沙麦预测工作区	34 638.16	—	63 040.94	97 679.10	34 638.16	—	63 040.94	97 679.10
1508202	白石头洼预测工作区	51 750.44	45 897.53	13 876.94	111 524.91	51 750.44	45 897.53	13 876.94	111 524.91
1508203	七一山预测工作区	14 656.22	1 165.78	16 837.95	32 659.95	20 311.75	1 165.78	17 368.09	38 845.62
1508204	大麦地预测工作区	3 400.15	6 695.37	—	10 095.52	3 400.15	6 695.37	—	10 095.52
1508205	乌日尼图预测工作区	21 200	34 085.54	38 119.5	93 405	36 040	52 474	72 589	161 104
内蒙古自治区钨矿预测资源量合计		125 645.01	87 844.22	131 875.3	345 364.48	146 140.5	96 065.68	160 522.97	419 249.17
预测工作区编号	预测工作区名称	2 000m以浅				已探明 1 000m以浅		总量	
		334-1	334-2	334-3	总计				
1508201	沙麦预测工作区	34 638.16	—	63 040.94	97 679.10	26 236		97 679.10	
1508202	白石头洼预测工作区	51 750.44	45 897.53	13 876.94	111 524.91	24 960		111 524.91	
1508203	七一山预测工作区	20 311.75	1 165.78	17 368.09	38 845.62	34 068.35		38 845.62	
1508204	大麦地预测工作区	3 400.15	6 695.37	—	10 095.52	1 438.8		10 095.52	
1508205	乌日尼图预测工作区	36 040	52 474	72 589	161 104	58 155		161 104	
内蒙古自治区钨矿预测资源量合计		146 140.50	96 065.68	160 522.97	419 249.17	120 657.40		419 249.17	

注:表中数据不含已查明资源量。1 000m以浅预测资源量含500m以浅预测资源量。

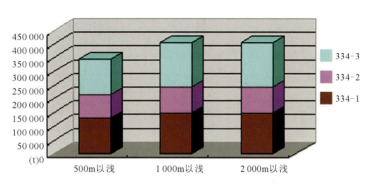

图 8-2 内蒙古自治区钨矿预测资源量按深度统计图

4. 按预测方法类型

按照预测方法类型进行统计,侵入岩体型钨矿预测资源量为 419 249.17t(表 8-5)。

表 8-5 内蒙古自治区钨矿预测资源量按预测方法类型统计表 单位:t

预测工作区编号	预测工作区名称	侵入岩体型			合计
		334-1	334-2	334-3	
1508201	沙麦式侵入岩体型钨矿预测工作区	34 638.16	—	63 040.94	97 679.10
1508202	白石头洼式侵入岩体型钨矿洼预测工作区	51 750.44	45 897.53	13 876.94	111 524.91
1508203	七一山式侵入岩体型钨矿预测工作区	20 311.75	1 165.78	17 368.09	38 845.62
1508204	大麦地式侵入岩体型钨矿预测工作区	3 400.15	6 695.37	—	10 095.52
1508205	乌日尼图式侵入岩体型钨矿预测工作区	36 040	52 474.15	72 589.82	161 104.04
内蒙古自治区钨矿预测资源量合计 (表中数据不含已查明资源量)		146 140.50	96 065.68	160 522.5	419 249.17

5. 按可利用性类别

根据深度、当前开采经济条件、矿石可选性、外部交通水电环境等条件的可利用性,内蒙古自治区钨矿预测资源量中可利用约 402 520.10t,不可利用约 16 729.08t(表 8-6,图 8-3)。

表 8-6 内蒙古自治区钨矿资源量按可利用性分类一览表 单位:t

预测工作区编号	预测工作区名称	可利用				暂不可利用				总计
		334-1	334-2	334-3	合计	334-1	334-2	334-3	合计	
1508201	沙麦预测工作区	34 638.16	—	63 040.94	97 679.10	—	—	—	—	97 679.1
1508202	白石头洼预测工作区	51 750.44	45 897.53	13 876.94	111 524.91	—	—	—	—	111 524.91
1508203	七一山预测工作区	20 311.75	—	1 804.78	22 116.53	—	1 165.78	15 563.3	16 729.08	38 845.61
1508204	大麦地预测工作区	3 400.15	6 695.37	—	10 095.52	—	—	—	—	10 095.52
1508205	乌日尼图预测工作区	36 040.07	52 474.15	72 589.82	161 104.04	—	—	—	—	161 104.04
内蒙古自治区钨矿资源量合计 (表中数据不含已查明资源量)		146 140.57	105 067.05	151 312.48	402 520.10	—	1 165.78	15 563.3	16 729.08	419 249.17

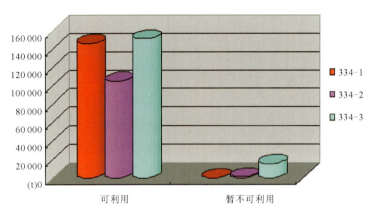

图 8-3 内蒙古自治区钨矿预测资源量按可利用性分类统计图

6. 按最小预测区级别分类

本次工作共圈定最小预测区 124 个,其中 A 级最小预测区 17 个,500m 以浅预测资源量 143 282.66t,1 000m 以浅预测资源量 161 679.90t,2 000m 以浅预测资源量 161 679.90t;B 级最小预测区 49 个,500m 以浅预测资源量 139 946.63t,1 000m 以浅预测资源量 158 571.32t,2 000m 以浅预测资源量 158 571.32t;C 级最小预测区 58 个,500m 以浅预测资源量 74 535.61t,1 000m 以浅预测资源量 98 997.94t,2 000m 以浅预测资源量 98 997.94t(表 8-7,图 8-4)。

表 8-7 内蒙古自治区钨矿预测资源量按最小预测区级别分类统计一览表　　　　单位:t

预测工作区名称	最小预测区级别	500m 以浅	1 000m 以浅	2 000m 以浅
沙麦式侵入岩体型钨矿预测工作区	A 级	34 638.16	34 638.16	34 638.16
白石头洼式侵入岩体型钨矿预测工作区	A 级	63 134.22	63 134.22	63 134.22
七一山式侵入岩体型钨矿预测工作区	A 级	20 910.09	24 467.3	24 467.3
大麦地式侵入岩体型钨矿预测工作区	A 级	3 400.15	3 400.15	3 400.15
乌日尼图式侵入岩体型钨矿预测工作区	A 级	21 200.04	36 040.07	36 040.07
A 级预测资源量合计		143 282.66	161 679.9	161 679.9
沙麦式侵入岩体型钨矿预测工作区	B 级	58 863.85	58 863.85	58 863.85
白石头洼式侵入岩体型钨矿预测工作区	B 级	33 706.35	33 706.35	33 706.35
七一山式侵入岩体型钨矿预测工作区	B 级	9 384.47	9 620.56	9 620.56
大麦地式侵入岩体型钨矿预测工作区	B 级	3 906.42	3 906.42	3 906.42
乌日尼图式侵入岩体型钨矿预测工作区	B 级	34 085.54	52 474.14	52 474.14
B 级预测资源量合计		139 946.63	158 571.32	158 571.32
沙麦式侵入岩体型钨矿预测工作区	C 级	4 177.08	4 177.08	4 177.08
白石头洼式侵入岩体型钨矿预测工作区	C 级	14 684.34	14 684.34	14 684.34
七一山式侵入岩体型钨矿预测工作区	C 级	4 757.76	4 757.76	4 757.76
大麦地式侵入岩体型钨矿预测工作区	C 级	2 788.95	2 788.95	2 788.95
乌日尼图式侵入岩体型钨矿预测工作区	C 级	48 127.48	72 589.81	72 589.81
C 级预测资源量合计		74 535.61	98 997.94	98 997.94
内蒙古自治区钨矿预测资源量合计		357 764.9	419 249.17	419 249.17

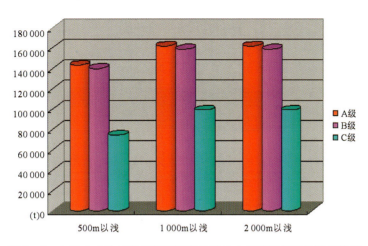

图 8-4　内蒙古自治区钨矿预测资源量按最小预测区级别分类统计图

二、伴生钨矿预测资源量

全区预测资源量仅有道伦达坝复合内生型铜多金属矿有伴生钨矿,查明资源量属中型矿床。在进行主矿种铜典型矿床外围及深部资源量预测的同时对伴生的钨矿进行资源量预测。

1. 按方法

预测工作区预测方法为地质体积法,详见表 8-8。

表 8-8　道伦达坝式复合内生型铜矿预测工作区伴生钨矿预测资源量按方法分类统计表　　　　单位:t

预测工作区编号	预测工作区名称	地质体积法
1504606002	道伦达坝式复合内生型铜矿预测工作区	139 897

2. 按精度

依据资源量级别划分标准,可划分为 334-1、334-2 和 334-3 三个资源量精度级别,各级别资源量见表 8-9,图 8-5。

表 8-9　道伦达坝式复合内生型铜矿预测工作区伴生钨矿预测资源量精度统计表　　　　单位:t

预测工作区编号	预测工作区名称	精度		
		334-1	334-2	334-3
1504606002	道伦达坝式复合内生型铜矿预测工作区	10 770.64	20 020.18	109 106.18

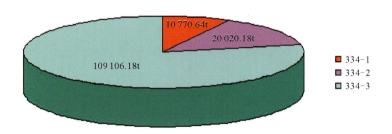

图 8-5 内蒙古自治区道伦达坝式复合内生型铜矿预测工作区
伴生钨矿预测资源量按精度统计图

3. 按延深

根据各最小预测区内含矿地质体(地层、侵入岩及构造)特征,预测深度在 400~650m 之间,其资源量按预测深度统计结果见表 8-10,图 8-6。

表 8-10 道伦达坝式复合内生型铜矿预测工作区伴生钨矿预测资源量深度统计表   单位:t

预测工作区编号	预测工作区名称	500m 以浅			1 000m 以浅			2 000m 以浅		
		334-1	334-2	334-3	334-1	334-2	334-3	334-1	334-2	334-3
1504606002	道伦达坝式复合内生型铜矿预测工作区	—	2 817.01	9 138.31	10 770.64	20 020.18	109 106.18	10 770.64	20 020.18	109 106.18
		总计:11 955.32			总计:139 897			总计:139 897		

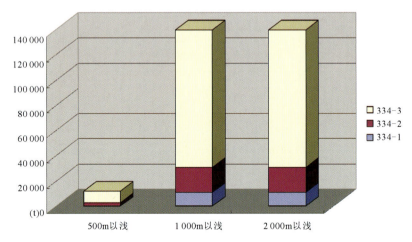

图 8-6 内蒙古自治区道伦达坝式复合内生型铜矿预测工作区
伴生钨矿预测资源量按延深统计图

4. 按矿产预测类型

本预测工作区复合内生型铜矿的预测类型为道伦达坝热液型铜矿,预测方法类型为复合内生型,其资源量统计结果见表 8-11,图 8-7。

表 8-11　道伦达坝式复合内生型铜矿预测工作区伴生钨矿预测资源量矿产类型精度统计表　　　单位：t

预测工作区编号	预测工作区名称	复合内生型		
		334-1	334-2	334-3
1504606002	道伦达坝式复合内生型铜矿预测工作区	10 770.64	20 020.18	109 106.18

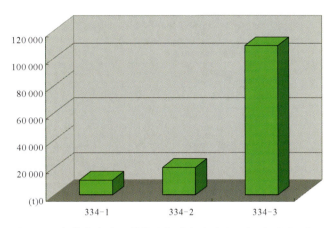

图 8-7　内蒙古自治区道伦达坝式复合内生型铜矿预测工作区
伴生钨矿预测资源量按矿产预测类型统计图

5. 按可利用性类别

根据目前预测工作区矿床开采深度、矿石可选性、交通等情况，预测资源量可利用情况见表 8-12，图 8-8。

表 8-12　道伦达坝式复合内生型铜矿预测工作区伴生钨矿预测资源量可利用性统计表　　　单位：t

预测工作区编号	预测工作区名称	可利用			暂不可利用		
		334-1	334-2	334-3	334-1	334-2	334-3
1504606002	道伦达坝式复合内生型铜矿预测工作区	10 770.64	2 817.01	—	—	17 203.17	109 106.18
		总计：13 587.65			总计：126 309.35		

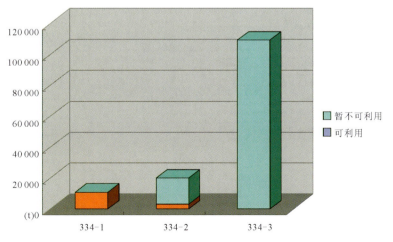

图 8-8　内蒙古自治区道伦达坝式复合内生型铜矿预测工作区
伴生钨矿预测资源量按可利用性类别统计图

6. 最小预测区级别分类统计

依据最小预测区地质矿产、物探及遥感异常等综合特征,并结合资源量估算和预测区优选结果,将最小预测区划分为 A 级、B 级和 C 级 3 个等级,其预测资源量分别为 A 级 51 220.77t、B 级 50 933.29t 和 C 级 37 742.66t(表 8-13)。

表 8-13 道伦达坝式复合内生型铜矿最小预测区伴生钨矿预测级别分类统计表

预测区编号	预测区名称	伴生钨预测资源量(t)	资源量级别
A1504606001	巴彦高勒苏木黑勒塔拉	5 303.18	334-2
A1504606002	道伦达坝	10 770.64	334-1
A1504606003	1454 高地	7 770.55	334-3
A1504606004	幸福之路苏木老龙沟	7 677.57	334-2
A1504606005	查干哈达庙	2 817.01	334-2
A1504606006	碧流台乡骆驼场东	4 222.42	334-2
A1504606007	乌兰达坝苏木	4 868.83	334-3
A1504606008	990 高地	7 790.57	334-3
A 级最小预测区预测资源量总计		51 220.77	
B1504606001	跃进分场东	2 255.34	334-3
B1504606002	1510 高地	2 265.88	334-3
B1504606003	1542 高地	4 264.56	334-3
B1504606004	1382 高地	4 705.2	334-3
B1504606005	呀马吐	4 209.29	334-3
B1504606006	塔木花嘎查	1 177.3	334-3
B1504606007	890 高地	5 005.27	334-3
B1504606008	细毛羊场	1 763.1	334-3
B1504606009	1026 高地北	3 887.12	334-3
B1504606010	1028 高地北西	3 361.78	334-3
B1504606011	1415 高地	4 982.28	334-3
B1504606012	浩不高嘎查	1 078.92	334-3
B1504606013	巴彦温都尔乌兰哈达山	3 188.01	334-3
B1504606014	1048 高地南	5 060.23	334-3
B1504606015	600 高地	3 729.01	334-3
B 级最小预测区预测资源量总计		50 933.29	
C1504606001	沙迪音嘎查	1 980.38	334-3
C1504606002	查干敖瑞嘎查东	1485.67	334-3
C1504606003	乌兰和布日嘎查	1 401.86	334-3
C1504606004	1489 高地	2 786.28	334-3
C1504606005	1362 高地	2 439.51	334-3

续表 8-13

预测区编号	预测区名称	伴生钨预测资源量(t)	资源量级别
C1504606006	巴彦布拉格嘎查	1 947.28	334-3
C1504606007	1532 高地北	2 572.53	334-3
C1504606008	两间房村南东	2 558.26	334-3
C1504606009	1465 高地	1 433.85	334-3
C1504606010	大营子乡	2 300.87	334-3
C1504606011	冬不冷乡	1 592.68	334-3
C1504606012	宝力格北	1 050.08	334-3
C1504606013	1222 高地	2 583.76	334-3
C1504606014	1247 高地	2 064.87	334-3
C1504606015	1327 高地	2 521.03	334-3
C1504606016	1280 高地南	1 567.2	334-3
C1504606017	1332 高地	597.77	334-3
C1504606018	1082 高地南	2 178.05	334-3
C1504606019	西包特艾勒东	1 471.59	334-3
C1504606020	道伦百姓乡北东	1 209.14	334-3
C 级最小预测区预测资源量总计		37 742.66	

第三节 内蒙古自治区钨矿勘查工作部署建议

一、部署原则

以 W 为主，兼顾 Cu、Pb、Zn、Sn、Mo、Au 等共伴生金属，以探求新的矿产地及新增资源储量为目标，开展区域矿产资源预测综合研究、重要找矿远景区矿产普查工作。

(1)开展矿产预测综合研究。以本次钨矿预测成果为基础，进一步综合区域地球化学、区域地球物理和区域遥感资料，应用成矿系列理论，进行成矿规律、矿产预测等综合研究，圈定一批找矿远景区，为矿产勘查部署提供依据。

(2)开展矿产勘查工作。依据本次钨矿预测结果，结合已发现钨矿床，进行矿产勘查工作部署。在已知矿区的外围及深部部署矿产勘探工作，在矿点和本次预测成果中的 A、B 级优选区相对集中的地区部署矿产详查工作，在找矿远景区内部署矿产普查工作。

二、找矿远景区工作部署建议

根据钨矿最小预测区的圈定及资源量估算结果，结合主攻矿床类型，共圈定 5 个找矿远景区(图 8-9，表 8-14)。

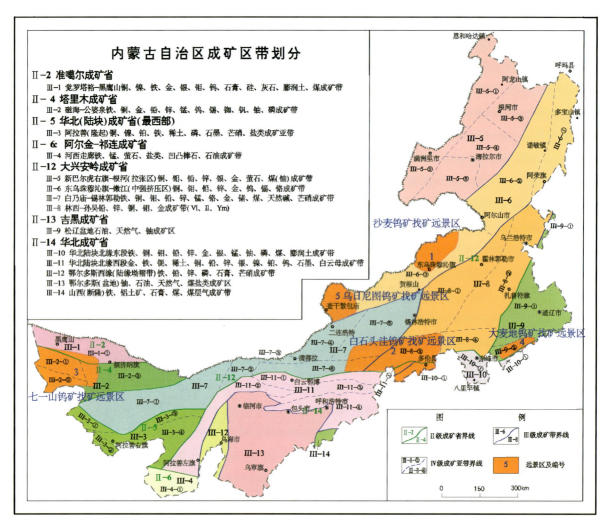

图 8-9 内蒙古自治区钨矿找矿远景区分布图

表 8-14 钨矿找矿远景区工作部署建议表

成矿远景区	勘查类别	勘查编号	勘查名称	主攻矿床类型	包含最小预测区个数和级别	勘查区预测资源量(t)
沙麦成矿远景区	钨矿勘探区	A152014001	沙麦	沙麦式热液脉型钨矿	1个A级,1个B级	43 789.32
	钨矿详查区	B152014001	阿勃德仁图	沙麦式热液脉型钨矿	13个B级,4个C级,	97 679.1
白石头洼成矿远景区	钨矿勘探区	A152014002	秋灵沟	白石头洼式热液脉型钨矿	2个A级,1个B级,1个C级	28 682.99
		A152014003	白石头洼	白石头洼式热液脉型钨矿	1个A级,1个B级,1个C级	23 334.18
	钨矿详查区	B152014002	灰热哈达	白石头洼式热液脉型钨矿	3个A级,3个B级,2个C级	31 965.75
	钨矿普查区	C152014001	毫义哈达	白石头洼式热液脉型钨矿	1个A级,2个B级,4个C级	27 354.89

续表 8-14

成矿远景区	勘查类别	勘查编号	勘查名称	主攻矿床类型	包含最小预测区个数和级别	勘查区预测资源量(t)
七一山成矿远景区	钨矿勘探区	A152014004	1060高地	七一山式热液脉型钨矿	1个A级,1个B级	1 639.9
		A152014005	七一山	七一山式热液脉型钨矿	1个A级,1个B级	20 764.35
		A152014006	1465高地	七一山式热液脉型钨矿	2个A级	3 056.93
	钨矿详查区	B152014003	1065高地	七一山式热液脉型钨矿	1个A级,4个B级,2个C级,1个A150级	3 994.32
		B152014004	1356高地	七一山式热液脉型钨矿	2个A级,6个B级,3个C级,1个A150级	7 217.63
	钨矿普查区	C152014002	1354高地	七一山式热液脉型钨矿	3个A级,4个B级,17个C级,2个A150级,1个B150级	32 464.86
大麦地成矿远景区	钨矿勘探区	A152014007	大麦地	大麦地式热液脉型钨矿	1个A级	376.29
	钨矿详查区	B152014005	汤家杖子南西	大麦地式热液脉型钨矿	1个A级,1个B级,1个C级	546.35
		B152014006	青龙山镇北	大麦地式热液脉型钨矿	1个A级,1个B级,1个C级	3 458.56
	钨矿普查区	C152014003	赵家湾子	大麦地式热液脉型钨矿	1个A级,3个B级,1个C级	8 145.77
乌日尼图成矿远景区	钨矿勘探区	A152014008	乌日尼图	乌日尼图式热液脉型钨矿	1个A级,4个B级,19个C级	36 040.07
	钨矿详查区	B152014007	舒日布格东	乌日尼图式热液脉型钨矿	1个A级,4个B级,7个C级	50 658.06
	钨矿普查区	C152014004	达布苏图	乌日尼图式热液脉型钨矿	1个A级,1个B级,2个C级	161 104.02

1. 沙麦钨矿找矿远景区

大地构造位置属天山-兴蒙构造系(Ⅰ)大兴安岭弧盆系(Ⅰ-1)(Pt_3—T_2)东乌旗-多宝山岛弧(Ⅰ-1-5)(O、D、C_2)。成矿区带属大兴安岭成矿省(Ⅱ-12)东乌珠穆沁旗-嫩江(中强挤压区)铜、钼、铅、锌、金、钨、锡、铬成矿带(Ⅲ-6)二连-东乌旗钨、钼、铁、锌、铅、金、银、铬成矿亚带(Ⅲ-6-③)(V、Y)沙麦钨矿集区(V-39)。

远景区内地层主要为上泥盆统安格尔音乌拉组和上石炭统—下二叠统宝力高庙组。

侵入岩主要为燕山期中粒似斑状(黑云母)二长花岗岩、钾长石英斑岩和中粒似斑状黑云母花岗岩。晚侏罗世中粒似斑状黑云母花岗岩、似斑状花岗岩及石英脉,是本区必要的控矿因素,它既是矿床的赋矿围岩,又是提供矿质来源的深部矿源层或直接矿源层。

远景区内有热液型钨矿床1处,主要赋存于中二叠世斜长花岗岩中,矿床或矿点与岩体的分布一致,成因类型为岩浆晚期热液型。成矿时代为侏罗纪。

区域上有小坝梁铜金矿床、朝不楞铁铅锌多金属矿床、阿尔哈达铅锌矿床、吉林宝力格银矿床、乌日尼图钨钼矿床及乌兰德勒钼铜矿床。

沙麦钨矿找矿远景区拟设1个勘探区和1个详查区。主攻矿种为钨、钼等多金属矿产,该区域具较好的找矿前景。

2. 白石头洼钨矿找矿远景区

白石头洼式侵入岩体型钨矿预测工作区大地构造位置跨华北陆块区(Ⅱ)狼山-阴山陆块(Ⅱ-4)狼山-白云鄂博裂谷(Ⅱ-4-3)(Pt_2)和天山-兴蒙构造系(Ⅰ)包尔汉图-温都尔庙弧盆系(Ⅰ-8)(Pz_2)温都尔庙俯冲增生杂岩带(Ⅰ-8-2)(Pt_2—P)。成矿区带属华北成矿省(Ⅱ-14)华北陆块北缘西段金、铁、铌、稀土、铜、铅、锌、银、镍、铂、钨、石墨、白云母成矿带(Ⅲ-11),跨白云鄂博-商都金、铁、铌、稀土、铜、镍成矿亚带(Ⅲ-11-①)(Ar_3,Pt,V,Y)头沟地-郝家沟铁、金、银、萤石矿集区(V-120)、温都尔庙-红格尔庙铁、金、钼成矿亚带(Ⅲ-7-⑤)(Pt,V,Y)、白乃庙-哈达庙铜、金、萤石成矿亚带(Ⅲ-7-⑥)(Pt、V、Y)、突泉-翁牛特铅、锌、银、铜、铁、锡、稀土成矿带(Ⅲ-8)卯都房子-毫义哈达钨、铅、锌、铬、萤石成矿亚带(Ⅲ-8-③)(V、Y)毫义哈达-毛汰山钨、金矿集区(V-93)及内蒙古隆起东段铁、铜、钼、铅、锌、金、银成矿亚带(Ⅲ-10-①)(Ar,Y)。

区内出露地层主要有第四系、新近系、白垩系、侏罗系、二叠系、白云鄂博群及太古宇乌拉山岩群等。与成矿有关的地层为白云鄂博群呼吉尔图组;与成矿有关的侵入岩主要为晚侏罗世二长花岗岩及花岗斑岩。成因类型为热液型,成矿时代为晚侏罗世。

白石头洼钨矿找矿远景区拟设2个勘探区、1个详查区和1个普查区。占据较好的大地构造位置,区内有众多的钨矿床及矿化点,该区域具较好的找矿前景。

3. 七一山钨矿找矿远景区

大地构造位置跨天山-兴蒙构造系(Ⅰ)额济矿纳旗-北山弧盆系(Ⅰ-9)公婆泉岛弧(Ⅰ-9-4)(O—S)和敦煌陆块(Ⅲ-2)柳园裂谷(Ⅲ-2-1)(C—P)。成矿区带属塔里木成矿省(Ⅱ-4)磁海-公婆泉铁、铜、金、铅、锌、钨、锡、铷、钒、铀、磷成矿带(Ⅲ-2)(Pt,Cel,Vml,I—Y)石板井-东七一山钨、锡、铷、钼、铜、铁、金、铬、萤石成矿亚带(Ⅲ-2-①)(C,V)东七一山-索索井钨、钼、铜、铁、萤石矿集区(V-5)和阿木乌苏-老硐沟金、钨、锑、萤石成矿亚带(Ⅲ-2-②)(V)阿木乌苏-老硐沟金、钨、锑矿集区(V-6)。

远景区地层从老到新有中元古界古硐井群,志留系圆包山组、公婆泉组,下白垩统赤金堡组,上新统苦泉组及全新统。其中圆包山组、公婆泉组为控矿要素。侵入岩主要为侏罗纪黑云母花岗岩、似斑状花岗岩及二叠纪英云闪长斑岩,侏罗纪黑云母花岗岩及似斑状花岗岩与成矿密切相关。矿床成因类型为热液型。成矿时代为燕山期。

远景区内设有3个勘探区、2个详查区和1个普查区,该区工作精度低,有众多的多金属矿床、矿点,有较好的找矿远景。

4. 大麦地钨矿找矿远景区

大地构造位置为天山-兴蒙构造系(Ⅰ)包尔汉图-温都尔庙弧盆系(Ⅰ-8)(Pz_2)松辽断陷盆地(Ⅰ-2-1)温都尔庙俯冲增生杂岩带(Ⅰ-8-2)(Pt_2—P)。成矿区带属吉黑成矿省(Ⅱ-13)松辽盆地石油、天然气、铀成矿区(Ⅲ-9)库里吐-汤家杖子钼、铜、铅、锌、钨、金成矿亚带(Ⅲ-9-②)(Vm,Y)汤家杖子-哈拉火烧铁、钨、铜、铅、锌矿集区(V-104)。

远景区地层从老到新有上志留统—下泥盆统西别河组石灰岩及砂岩,上石炭统石嘴子组砂岩、页岩及薄层灰岩和酒局子组板岩、砂岩、页岩夹灰岩,下白垩统义县组中基性火山岩、火山碎屑岩。侵入岩有二叠纪中(粗)粒黑云母花岗岩,早白垩世中粒微斜花岗岩、细粒斑状黑云母花岗岩及石英闪长岩。与钨矿关系密切的是中粒微斜花岗岩。矿床成因类型为侵入岩体型,成矿时代为燕山期。

远景区拟设1个勘探区、2个详查区和1个普查区。占具较好的大地构造位置,区内有众多的钨矿床及化点,有较好的找矿远景。

5. 乌日尼图钨矿找矿远景区

大地构造位置为天山-兴蒙造山系(Ⅰ)大兴安岭弧盆系(Ⅰ-1)(Pt_3—T_2)东乌旗-多宝山岛弧(Ⅰ-1-5)(O,D,C_2)。成矿区带属大兴安岭成矿省(Ⅱ-12)东乌珠穆沁旗-嫩江(中强挤压区)铜、钼、铅、锌、金、钨、锡、铬成矿带(Ⅲ-6)二连-东乌旗钨、钼、铁、锌、铅、金、银、铬成矿亚带(Ⅲ-6-③)(V,Y)红格尔-乌日尼图钼、钨、金矿集区(V-45)。

远景区内出露主要地层单元从老到新有下中奥陶统乌宾敖包组,中奥陶统巴彦呼舒组,下中泥盆统泥鳅河组,上侏罗统满克头鄂博组、玛尼吐组、白音高老组。其中乌宾敖包组二段岩性为预测工作区的目的层。燕山期灰白色中粒花岗岩、花岗斑岩与乌宾敖包组呈侵入接触,该阶段岩浆活动频繁,Cu、Zn、Pb、Mo、W、Ag等微量元素较富集。因此,燕山期灰白色中细粗粒花岗岩、花岗斑岩成为目的侵入体。矿床成因类型为热液型,成矿时代为燕山期。

远景区内有勘探区、详查区和普查区各1个,Ⅴ级成矿区带内有乌日尼图中型钨钼矿床、沙麦中钨矿床、奥尤陶勒盖铜矿床等,近年来在该带上获得了较多的找矿信息,具有较好的找矿前景。

三、开发基地的划分及预测产能

依据内蒙古自治区矿产资源特点、地质工作程度及环境承载能力,统筹考虑全区经济、技术、安全、环境等因素,结合本次矿产资源预测结果,在综合考虑当前矿产资源分布和预测成果等因素的基础上,进行未来钨矿开发基地划分,内蒙古自治区境内共划分5个钨矿资源开发基地。

1. 沙麦钨矿资源开发基地

该开发基地属内蒙古自治区锡林郭勒盟东乌珠穆沁旗管辖。地处大兴安岭山地森林向蒙古高原草原过渡地带。预测工作区属边远地区,人烟稀少,多为蒙古族,以牧点的形式零星居住。交通以草原砂石路为主,四通八达。大地构造位置属天山-兴蒙造山系大兴安岭弧盆系东乌旗-多宝山岛弧,成矿区带属大兴安岭成矿省东乌珠穆沁旗-嫩江(中强挤压区)铜、钼、铅、锌、金、钨、锡、铬成矿带二连-东乌旗钨、钼、铁、锌、铅、金、银、铬成矿亚带。

地层主要为上泥盆统安格尔音乌拉组和上石炭统—下二叠统宝力高庙组。侵入岩主要为晚侏罗世中粒似斑状黑云母花岗岩、似斑状花岗岩及石英脉,既是矿床的赋矿围岩,又是提供矿质来源的深部矿源层或直接矿源层。

北东向重力正、负异常呈条带状交错出现,以W为主伴有Pb、Zn、Ag、Au、Cd等元素组成的综合地球化学异常明显。区域上有小坝梁铜金矿床、朝不楞铁铅锌多金属矿床、沙麦钨矿床、阿尔哈达铅锌矿床、吉林宝力格银矿床、乌日尼图钨钼矿床及乌兰德勒钼铜矿床。

钨矿成矿类型为热液型,成矿时代为燕山期。本次工作预测资源量A级5 872.1t,B级10 427.4t,C级11 356.9t,共计97 679.10t,所有预测资源量均在500m以浅(表8-15)。

表 8-15 沙麦钨矿开发基地最小预测区及预测产能一览表　　　　　　　　　　　　　单位：t

编号	名称	经度	纬度	级别	预测产能
A1508201001	沙麦钨矿	1165344.50	455749.13	A 级	34 638.16
A 级预测区资源量总计：34 638.16					
B1508201001	1022 高地	1165842.38	461537.47	B 级	1 882.56
B1508201002	1022 高地南	1165949.13	461223.88		4 336.39
B1508201003	高毕图西	1165632.63	460754.47		2 742.88
B1508201004	翁图乌兰	1164733.50	460418.34		4 145.49
B1508201005	满都拉图嘎查嘎查西	1165426.50	460316.47		3 748.13
B1508201006	准沙麦布拉格	1164253.50	460029.59		9 023.91
B1508201007	阿勃德仁图	1164744.38	455758.34		9 151.16
B1508201008	沙麦苏木	1163910.88	455735.59		5 027.77
B1508201009	1191 高地北西	1163744.63	455429.28		6 911.36
B1508201010	准哈布特盖绍仁西	1162543.00	454650.91		1 177.90
B1508201011	准哈塔布其	1161949.75	454353.03		1 841.24
B1508201012	帅音北西	1162610.25	454327.31		1 603.38
B1508201013	毛其布其日音乌拉	1164531.25	454346.25		2 693.32
B1508201014	阿木古楞布拉格	1165021.25	454537.84		4 578.36
B 级预测区资源量总计：58 863.85					
C1508201001	霍尔其格嘎查北西	1165144.00	460823.66	C 级	1 040.96
C1508201002	796 高地	1162502.63	460414.78		1 138.83
C1508201003	阿木古楞布拉格西	1165125.63	454345.19		1 051.02
C1508201004	乌素音查干	1164747.50	454128.00		518.39
C1508201005	昂格尔北东	1174530.25	462916.91		427.89
C 级预测区资源量总计：4 177.09					

2. 白石头洼钨矿资源开发基地

开发基地属内蒙古自治区锡林郭勒盟太仆寺旗、镶黄旗和乌兰察布市商都县、化德县管辖。地处阴山北麓，浑善达克沙地南缘。属中温带半干旱大陆性气候，经济形式主要以农业为主，乡村道路四通八达。大地构造位置跨华北陆块区狼山-阴山陆块狼山-白云鄂博裂谷和天山-兴蒙构造系包尔汉图-温都尔庙弧盆系（Pz_2）温都尔庙俯冲增生杂岩带（Pt_2—P）。成矿区带属华北成矿省（Ⅱ-14）华北陆块北缘西段金、铁、铌、稀土、铜、铅、锌、银、镍、铂、钨、石墨、白云母成矿带（Ⅲ-11），跨白云鄂博-商都金、铁、铌、稀土、铜、镍成矿亚带（Ⅲ-11-①）（Ar_3、Pt、V、Y）头沟地-郝家沟铁、金、银、萤石矿集区（V-120）、温都尔庙-红格尔庙铁、金、钼成矿亚带（Ⅲ-7-⑤）（Pt、V、Y）、白乃庙-哈达庙铜、金、萤石成矿亚带（Ⅲ-7-⑥）（Pt、V、Y）、突泉-翁牛特铅、锌、银、铜、铁、锡、稀土成矿带（Ⅲ-8）卯都房子-毫义哈达钨、铅、锌、铬、萤石成矿亚带（Ⅲ-8-③）（V、Y）毫义哈达-毛汰山钨、金矿集区（V-93）及内蒙古隆起东段铁、铜、钼、铅、锌、金、银成矿亚带（Ⅲ-10-①）（Ar、Y）。

区内出露地层主要有白垩系、侏罗系、二叠系、白云鄂博群及太古宇乌拉山岩群等。与成矿有关的地层为白云鄂博群呼吉尔图组；与成矿有关的侵入岩主要为晚侏罗世二长花岗岩及花岗斑岩。区内构造线方向以北北东向、北东向为主，北西向及近东西向次之。

区域上已发现的矿床有白石头洼钨矿床、卯都房子钨矿床、毫义哈达钨矿床、灰热哈达钨矿床和三胜村钨矿床等9处矿床(点)。地球化学W元素浓集中心明显,异常强度高。

成矿类型为热液型,成矿时代为燕山期。本次工作预测资源量A级63 134.23t,B级33 706.34t,C级14 684.33t,共计111 524.91t,所有预测资源量均在500m以浅(表8-16)。

表8-16 白石头洼钨矿开发基地最小预测区及预测产能一览表 单位:t

编号	名称	经度	纬度	级别	预测产能
A1508202001	莫图	1143228.75	422334.91	A级	2 074.69
A1508202002	灰热哈达	1141942.00	421948.53		5 676.27
A1508202003	山西特拉	1142736.00	422028.84		3 554.16
A1508202004	毫义哈达	1141258.88	421338.53		14 595.80
A1508202005	秋灵沟	1134053.38	420509.25		12 721.46
A1508202006	沙拉哈达	1134552.63	420359.94		5 754.94
A1508202007	七号乡三胜村	1143814.63	420657.75		187.09
A1508202008	白石头洼	1151004.50	415732.69		18 569.82
A级预测区资源量总计:63 134.23					
B1508202001	古恩呼都嘎	1142804.75	422421.78	B级	7 185.62
B1508202002	恩格日道仓呼都嘎	1142153.25	422202.47		4 605.78
B1508202003	苏力格勒	1142711.38	421900.03		5 769.21
B1508202004	呼日敦高勒嘎查	1141320.25	421512.13		1 446.30
B1508202005	敖本高勒南	1141133.50	420825.88		3 531.00
B1508202006	二道河乡	1134712.00	420452.41		7 771.80
B1508202007	万寿滩乡南	1150656.88	415733.91		3 396.63
B级预测区资源量总计:33 706.34					
C1508202001	哈登胡舒嘎查	1143542.13	422418.16	C级	1 933.37
C1508202002	道兰呼都嘎东	1142452.13	422316.22		1 166.65
C1508202003	浑都伦嘎查	1142022.25	421648.78		3 208.29
C1508202004	敖本高勒	1141206.13	421048.06		1 850.97
C1508202005	五顷地村	1141426.25	420826.25		1 192.13
C1508202006	六支箭乡	1141144.63	420544.78		1 530.40
C1508202007	新围子村	1133545.00	420421.47		2 434.79
C1508202008	平地村南西	1150549.00	415739.75		1 367.73
C级预测区资源量总计:14 684.33					

3. 七一山钨矿资源开发基地

开发基地位于内蒙古自治区阿拉善盟额济纳旗,地势平坦,地貌组合比较复杂,由戈壁、低山、丘陵、沙漠、湖沼和绿洲等组成。属中温带半干旱大陆性季风气候。经济形式以农牧业为基础,工矿业和旅游业兼顾发展。交通欠发达,居民稀疏。大地构造位置跨天山-兴蒙构造系额济纳旗-北山弧盆系公婆泉岛弧(O—S)和敦煌陆块柳园裂谷(C—P)。成矿区带属塔里木成矿省(Ⅱ-4)磁海-公婆泉铁、铜、金、铅、锌、钨、锡、铷、钒、铀、磷成矿带(Ⅲ-2)(Pt、Cel、Vml、I—Y)石板井-东七一山钨、锡、铷、钼、铜、铁、金、铬、萤石成矿亚带(Ⅲ-2-①)(C,V)东七一山-索索井钨、钼、铜、铁、萤石矿集区(V-5)和阿木乌苏-老硐沟金、钨、锑、萤石成矿亚带(Ⅲ-2-②)(V)阿木乌苏-老硐沟金、钨、锑矿集区(V-6)。

区内出露地层从老到新有中元古界古硐井群,志留系圆包山组、公婆泉组,下白垩统赤金堡组等,其中圆包山组、公婆泉组为控矿要素。侵入岩主要为晚石炭世石英闪长岩、花岗闪长岩和晚三叠世二长花岗岩,侏罗纪黑云母花岗岩及似斑状花岗岩与成矿密切相关。

区域上已发现矿床1处,矿点1个。地球化学W元素浓集中心明显,异常强度高。

成矿类型为热液脉型,成矿时代为燕山期。本次工作预测资源量A级24 467.3t,B级9 620.56t,C级4 757.76t,共计38 845.62t,预测资源量除七一山矿预测深度为600m,其余均为500m以浅(表8-17)。

表8-17 七一山钨矿开发基地最小预测区及预测产能一览表　　　　　　　　　　单位:t

编号	名称	经度	纬度	级别	预测产能
A1508203001	1060高地	993558	415700	A级	1 098.62
A1508203002	七一山	993622	412301		20 311.75
A1508203003	1367高地南东	994115	410620		1 891.15
A1508203004	1465高地南	995337	410354		1 165.78
A级预测区资源量总计:24 467.3					
B1508203001	1014高地	993049	415745	B级	541.28
B1508203002	1039高地	992341	415418		430.50
B1508203003	1310高地南	990621	415443		1 130.21
B1508203004	1210高地	990714	414819		518.83
B1508203005	1269高地	990101	412627		133.75
B1508203006	1354高地	990957	412449		313.28
B1508203007	1380高地北西	992032	412417		125.96
B1508203008	1375高地	992101	412102		178.28
B1508203009	1290高地	992958	412312		452.60
B1508203010	1113高地南西	994105	412458		243.64
B1508203011	1517高地	992640	411324		229.96
B1508203012	1201高地	994311	411402		512.35
B1508203013	1550高地	994132	411038		62.76
B1508203014	1592高地	991314	410904		706.16
B1508203015	1308高地北	992608	410746		1 343.32
B1508203016	1368高地南东	993428	410815		100.67
B1508203017	1604高地	991007	410617		1 295.97
B1508203018	1356高地	992424	410238		1 301.04
B级预测区资源量总计:9 620.56					

续表 8-17　　单位：t

编号	名称	经度	纬度	级别	预测产能
C1508203001	1065 高地	991450	415221	C 级	213.90
C1508203002	1176 高地	990450	414534		60.98
C1508203003	1100 高地南西	993007	414211		327.30
C1508203004	1220 高地	991153	413633		377.87
C1508203005	1258 高地	991344	413241		450.16
C1508203006	1217 高地	992153	413143		39.62
C1508203007	1289 高地南西	991629	412939		154.90
C1508203008	1349 高地东	991157	412844		272.14
C1508203009	1159 高地南	992459	412919		41.17
C1508203010	1223 高地北	993208	412956		88.54
C1508203011	1349 高地南西	990632	412742		111.22
C1508203012	1113 高地	994453	412549		89.80
C1508203013	1131 高地北东	994137	412341		119.11
C1508203014	1104 高地	994959	412135		265.11
C1508203015	1511 高地	991037	411933		181.35
C1508203016	1488 高地	992010	411658		247.07
C1508203017	1442 高地	992844	411628		513.18
C1508203018	1278 高地北西	993548	411412		326.35
C1508203019	1248 高地	994930	411013		402.17
C1508203020	1325 高地东	995808	410858		130.27
C1508203021	1502 高地	990152	410644		116.59
C1508203022	1242 高地	994107	410145		152.61
C1508203023	1301 高地	994657	410034		76.35
		C 级预测区资源量总计：4 757.76			

4. 大麦地钨矿资源开发基地

开发基地位于内蒙古自治区通辽市库伦旗，地处燕山北部山地向科尔沁沙地过渡地带，丘陵沟壑密布，属中温带半干旱大陆性气候。经济形式以农牧业为基础，工矿业和旅游业兼顾发展，交通欠发达。大地构造位置属天山-兴蒙构造系包尔汉图-温都尔庙弧盆系（Pz_2）松辽断陷盆地温都尔庙俯冲增生杂岩带（Pt_2—P）。成矿区带属吉黑成矿省松辽盆地石油、天然气、铀成矿区库里吐-汤家杖子钼、铜、铅、锌、钨、金成矿亚带（Vm、Y）汤家杖子-哈拉火烧铁、钨、铜、铅、锌矿集区。

区内出露地层从老到新有上志留统—下泥盆统西别河组石灰岩及砂岩，上石炭统石嘴子组砂岩、页岩及薄层灰岩和酒局子组板岩、砂岩、页岩夹灰岩，下白垩统义县组中基性火山岩、火山碎屑岩。赋矿地质体为早白垩世微斜花岗岩、黑云母花岗岩。

区域上已发现大麦地小型钨矿床、汤家杖子中型钨矿床和赵家湾子小型钨矿床。

成矿类型为热液侵入岩体型,成矿时代为燕山晚期。本次工作预测资源量 A 级 3 400.15t,B 级 3 906.42t,C 级 2 788.95t,共计 10 095.52t,预测资源量均为 500m 以浅(表 8-18)。

表 8-18 大麦地钨矿开发基地最小预测区及预测产能一览表　　　　单位:t

编号	名称	经度	纬度	级别	预测产能
A1508204001	大麦地	1211730.45	423843.30	A 级	376.29
A1508204002	汤家杖子	1211932.03	423116.84		74.11
A1508204003	赵家湾子	1213257.87	423137.64		2 949.75
A 级预测区资源量总计:3 400.15					
B1508204001	青龙山镇北西	1210009.37	422608.52	B 级	278.09
B1508204002	青龙山镇北	1210232.76	422638.75		624.64
B1508204003	下库力图嘎查南东	1213701.98	423243.52		2 237.26
B1508204004	白音花苏木北东	1213812.90	423448.42		71.33
B1508204005	赵家湾子南	1213518.50	423021.05		331.6
B1508204006	汤家杖子南西	1211853.04	423052.60		363.5
B 级预测区资源量总计:3 906.42					
C1508204001	白音花苏木	1214007.18	423240.35	C 级	2 555.83
C1508204002	汤家杖子东	1212008.93	423054.17		108.74
C1508204003	青龙山镇	1210236.42	422541.67		124.38
C 级预测区资源量总计:2 788.95					

5. 乌日尼图钨矿资源开发基地

开发基地位于内蒙古自治区锡林郭勒盟苏尼特左旗,地处内蒙古高原的北东缘,区内海拔高度一般在 1 000~1 200m 之间,属中低山丘陵区,区内水系不发育,多为干沟,零星分布的少量季节性淖尔也大部分为干涸湖,本区属半干旱大陆性气候,夏季炎热干燥,冬春季严寒风大。区内人烟稀少,绝大部分为蒙古族。经济形式为畜牧业。区内矿产资源潜力较大,新近发现的矿种有钨、金、银、铜、钼等。大地构造位置位于天山-兴蒙造山系大兴安岭弧盆系(Pt_3—T_2)东乌旗-多宝山岛弧(O、D、C_2)。成矿区带属大兴安岭成矿省东乌珠穆沁旗-嫩江(中强挤压区)铜、钼、铅、锌、金、钨、锡、铬成矿带二连-东乌旗钨、钼、铁、锌、铅、金、银、铬成矿亚带(V、Y)红格尔-乌日尼图钼、钨、金矿集区。

区内出露地层单元从老到新有下中奥陶统乌宾敖包组,中奥陶统巴彦呼舒组,下中泥盆统泥鳅河组,上侏罗统满克头鄂博组、玛尼吐组和白音高老组,乌宾敖包组二段岩性为预测工作区的目的层。燕山期灰白色中细粗粒花岗岩、花岗斑岩成为目的侵入体。

区域上已发现乌日尼图钨矿床。W 元素浓集中心明显,异常强度高,呈北东向带状分布。

成矿类型为热液侵入岩体型,成矿时代为燕山期。本次工作预测资源量 A 级 15 089t,B 级 52 474.14t,C 级 72 589.81t,共计 140 152.95t,预测资源量均为 500m 以浅(表 8-19)。

表 8-19　乌日尼图钨矿开发基地最小预测区及预测产能一览表　　　　单位：t

编号	名称	经度	纬度	级别	预测产能
A1508205001	乌日尼图	1115306.15	444425.95	A 级	15 089
A 级预测区资源量总计：15 089					
B1508205001	哈尔陶勒盖布其南	1114737.23	444158.83	B 级	10 360.41
B1508205002	舒日布格东	1114912.11	443404.22		11 172.87
B1508205003	沙尔布达尔干布其	1113605.29	443038.58		15 849.75
B1508205004	巴彦花音布其北	1113326.58	442813.30		15 091.11
B 级预测区资源量总计：52 474.14					
C1508205001	那仁哈沙图棚	1115637.53	445826.81	C 级	3 113.31
C1508205002	吉兴音哈尔陶勒盖音布其	1121159.54	445159.39		4 220.54
C1508205003	准伊勒根呼都格北东	1122628.82	445406.33		2 250.27
C1508205004	巴嘎冈干乃布其	1113848.03	444556.97		4 564.99
C1508205005	古尔班呼都格	1115016.43	444808.50		4 700.41
C1508205006	达布苏图	1121743.71	444804.24		8 663.45
C1508205007	阿尔苏金北	1122805.33	444532.01		3 987.16
C1508205008	套伊根布其东	1120051.69	444335.23		2 027.27
C1508205009	乌日尼勒特嘎查	1115437.04	444054.33		2 230.31
C1508205010	洪格尔苏木	1121254.33	443716.25		5 132.76
C1508205011	恩格仁布其	1113541.20	443428.55		4 250.65
C1508205012	舒日布格	1114351.49	443351.03		2 658.63
C1508205013	达布哈尔哈沙	1115158.24	443335.42		5 063.68
C1508205014	舒日昌特嘎查东	1120505.10	443125.10		1 087.88
C1508205015	布拉格图	1114235.08	442839.57		3 377.56
C1508205016	巴彦花音布其东	1113713.20	442607.45		2 381.32
C1508205017	乌兰呼都格	1114746.08	442421.87		4 591.62
C1508205018	巴彦布拉格陶尔	1120845.59	442425.69		4 982.56
C1508205019	哈登呼舒呼都格	1114115.28	442056.90		3 305.44
C 级预测区资源量总计：72 589.81					

结 论

内蒙古自治区钨矿单矿种共设有 5 个预测工作区,总面积约 $8.12\times10^4\mathrm{km}^2$。

对钨矿 5 个预测工作区地球物理特征进行了详细解译推断,共推断断裂构造 249 条、地层单元 122 处、酸性侵入体 62 个、中—新生代盆地 33 处、火山构造 9 个及蚀变带 2 条。

沙麦、白石头洼和七一山 3 个预测工作区共圈定钨地球化学综合异常 163 个。

在遥感矿产地质特征解译基础上,对羟基异常、铁染异常和近矿找矿标志、各类型构造等特征的综合分析,共解译出钨矿最小预测区 29 个。

在系统研究钨成矿地质背景的基础上,充分利用地球物理、地球化学、遥感及自然重砂等资料,通过对典型矿床及预测工作区成矿规律研究,总结编制出了典型矿床成矿要素、成矿模式及预测工作区成矿要素、预测要素、区域成矿模式或区域预测模型。总结出内蒙古自治区与钨有关的主要成矿系列、成因类型及成矿时代。

对 5 个预测工作区进行了最小预测区优选,共圈定出 124 个最小预测区,已查明钨资源储量 123 438.40t,预测资源总量为 419 249.17t。其中 A 级最小预测区 17 个,预测资源量 161 679.90t;B 级最小预测区 49 个,预测资源量 158 571.30t;C 级最小预测区 58 个,预测资源量 98 997.94t。

对道伦达坝复合内生型铜多金属矿,在进行主矿种铜典型矿床外围及深部资源量预测的同时对伴生的钨矿进行资源量预测,圈定出 43 个最小预测区,预测钨资源量 139 896.70t。其中 A 级最小预测区 8 个,预测资源量 51 220.77t;B 级最小预测区 15 个,预测资源量 50 933.29t;C 级最小预测区 20 个,预测资源量 37 742.66t。

对七一山式侵入岩体型钨矿预测工作区脉状矿床伴生铜矿进行了资源量预测,圈定出 45 个最小预测区,预测铜资源量 189.18t。其中 A 级最小预测区 4 个,预测资源量 119.16t;B 级最小预测区 18 个,预测资源量 46.85t;C 级最小预测区 23 个,预测资源量 23.17t。

根据各预测工作区的成矿地质条件、已有地质矿产勘查程度、找矿潜力、自然地理及经济技术条件,共划分了 5 个钨矿产远景区,提出 19 个勘查工作区,拟新增资源储量 582 273.34t。其中钨矿普查区 4 个,拟新增资源储量 229 069.54t;钨矿详查区 7 个,拟新增资源储量 195 519.77t;锡矿勘探区 8 个,拟新增资源储量 157 684.03t。

依据内蒙古自治区矿产资源特点、地质工作程度及环境承载能力,统筹考虑全区经济、技术、安全及环境等因素,结合本次矿产资源预测成果,在综合考虑当前矿产资源分布和预测等因素的基础上,进行未来钨矿开发基地划分,内蒙古自治区境内共划分了 5 个钨矿资源开发基地,包含 124 个最小预测区,预测(500m 以浅)钨资源量 345 364.48t。其中 A 级预测区 17 个,预测资源量 127 312.62t;B 级预测区 49 个,预测资源量 135 035.09t;C 级预测区 58 个,预测资源量 84 635.13t。

主要参考文献

陈毓川,王登红.重要矿产预测类型划分方案[M].北京:地质出版社,2010.
胡朋,聂凤军,赫英,等.沙麦钨矿床地质及流体包裹体研究[J].矿床地质,2005,24(6):603-612.
内蒙古自治区地质矿产局.内蒙古自治区区域地质志[M].北京:地质出版社,1991.
内蒙古自治区地质矿产局.内蒙古自治区岩石地层[M].北京:地质出版社,1996.
宁奇生,唐克东,曹从周,等.大兴安岭区域地层[M]//黑龙江省地质局.大兴安岭及其邻区区域地质与成矿规律.北京:地质出版社,1959.
邵济安,唐克东.蛇绿岩与古蒙古洋的演化[M]//张旗.蛇绿岩与地球动力学研究.北京:地质出版社,1996.
邵济安,张履桥,牟保磊.大兴安岭中南段中生代的构造热演化[J].中国科学(D辑),1998,28(3):193-200.
邵济安,张履桥,牟保磊.大兴安岭中生代伸展造山过程中的岩浆作用[J].地学前缘,1999,6(4):339-346.
邵济安,张履桥,肖庆辉,等.中生代大兴安岭的隆起——一种可能的陆内造山机制[J].岩石学报,2005,21(3):789-794.
邵济安,赵国龙,王忠,等.大兴安岭中生代火山活动构造背景[J].地质论评,1999,45(增刊):422-430.
陶奎元.火山岩相构造学[M].南京:江苏科学技术出版社,1994.
王鸿祯,刘本培,李思田.中国及邻区大地构造划分和构造发展阶段[M]//王鸿祯,杨森楠,刘本培,等.中国及邻区构造古地理和生物古地理.武汉:中国地质大学出版社,1990.
王荃.内蒙古自治区东部中朝与西伯利亚古板块间缝合线的确定[J].地质学报,1986,60(2):33-45.
王蓥.大兴安岭侏罗系、白垩系研究新进展[J].地层学杂志,1985,9(3):203-209.
王忠,朱洪森.大兴安岭中南段中生代火山岩特征及演化[J].中国区域地质,1999,18(4):351-358,372.
魏家庸,卢金明,徐怀艾,等.沉积岩区1:5万区域地质填图方法指南[M].武汉:中国地质大学出版社,1991.
吴福元,孙德白,林强.东北地区显生宙花岗岩的成因与地壳增生[J].岩石学报,1999,15(2):22-30.
赵国龙,杨桂林,王忠,等.大兴安岭中南部中生代火山岩[M].北京:科学技术出版社,1989.

主要内部资料

甘肃省地矿局第4地质队.内蒙古自治区额济纳旗七一山钨钼矿区普查评价地质报告[R].酒泉:甘肃省地矿局第4地质队,1983.
甘肃省地质调查局.五道明幅1:20万区域地质调查报告[R].兰州:甘肃省地质调查局区测队,1974,K-47-(28).
辽宁省地质调查局.下洼幅1:20万区域地质调查报告[R].大连:辽宁省地质调查局区测队,1964,K-51-(13).

内蒙古赤峰地质矿产勘查开发院.内蒙古自治区东乌珠穆沁旗沙麦矿区钨矿资源储量核实报告[R].赤峰:内蒙古赤峰地质矿产勘查开发院,2004.

内蒙古有色金属地质勘探局609队.内蒙古自治区太仆寺旗白石头洼钨矿区二号脉补充地质工作报告[R].呼和浩特:内蒙古有色金属地质勘探局609队,1993.

内蒙古自治区111地质队(九院).内蒙古自治区镶黄旗毫义哈达黑钨矿区详细普查地质报告[R].锡林郭勒盟:内蒙古自治区111地质队(九院),1982.

内蒙古自治区地质调查局.达来幅1:20万区域地质调查报告[R].呼和浩特:内蒙古自治区地质调查局区调队,1976,L-49-(35).

内蒙古自治区地质调查局.东乌珠穆泌旗幅1:20万区域地质调查报告[R].呼和浩特:内蒙古自治区地质调查局区调队,1971,L-50-(21).

内蒙古自治区地质调查局.正镶白旗幅1:20万区域地质调查报告[R].呼和浩特:内蒙古自治区地质调查局区调队,1971,K-50-(13).

内蒙古自治区地质调查院.红格尔幅1:25万区域地质调查报告[R].呼和浩特:内蒙古自治区地质调查院,2004,L49C004003.

内蒙古自治区地质调查院.红格尔幅1:25万区域地质调查报告[R].呼和浩特:内蒙古自治区地质调查院,2005,L50C003002.

哲里木盟公署地质局第1地质队.内蒙古自治区哲里木盟库伦旗大麦地黑钨矿矿床详细普查报告[R].通辽:哲里木盟公署地质局第1地质队,1960.

哲里木盟公署地质局第1地质队.内蒙古自治区哲盟库伦旗赵家湾子钨矿床普查评价报告[R].通辽:哲里木盟公署地质局第1地质队,1960.

哲里木盟公署地质局第2地质队.内蒙古自治区哲里木盟库伦旗汤家杖子黑钨矿矿床初步勘探报告[R].通辽:哲里木盟公署地质局第2地质队,1960.